U0015988

發現
你的天職

3大步驟，讓你選系、就業、轉職或創業不再迷惘

八木仁平 著

許郁文 譯

前言

幫助你找到堅定不移的「自我重心」

 好煩喔，到底要不要繼續做這份工作啊⋯⋯

 有心想做一些事，但不知道到底該做什麼才對⋯⋯

購買本書的你正為此煩惱嗎？**本書就是為了解決這類煩惱而寫。**

我跟你有過一樣的心情，漫無目的，整天躺在床上滑手機看 YouTube，過著自甘墮落的生活。

當時的我當然也想改變自己，也想採取一些行動。只是這滿腔熱情，不知道該往何處發洩。

我將那時到現在的所學所聞全整理成這本書。

現在的我，早上一起床有「趕快做自己想做的事」的感覺，完全投入想做的事情，晚上睡覺前也會有種「耶～今天也做得不錯」的充實感，然後安心地入睡。

我還是當時的那個我，只是我找到「足以揮灑熱情的事」而已。

或許你與過去的我，有著相同的問題。但你絕對不止如此，只要找到想做的事，你的人生也將產生戲劇般的變化。

找到想做的事的人　　　　　　沒有想做的事的人

能量集中　　　　　　　　　　能量分散

締造巨大的成果　　　　　　　締造分散的結果

利用想做的事進入「無限成長迴圈」的方法

希望你讀了本書後，可以利用想做的事進入「無限成長迴圈」。

・學習「想做的事」，讓自己成長
・為別人貢獻所學，同時得到金錢與感謝
・將得到的金錢再度投資學習
・再利用強化的技能得到更高的報酬

學習想做的事　　　　　　　　利用所學幫助他人與賺錢

本書的目的是幫助大家進入這個良性循環，而**要進入這個無限循環，最重要的就是找到「想做的事」。**

一旦工作是「不想做的事」，很可能會在準備進入這個循環時問自己「會不會走別條路比較好啊？」也可能走到一半覺得「那條路似乎比較有趣」而折返，甚至是半途而廢。

「不想做的事」若變成工作，你會陷入兩個惡性循環。

第一個是為了紓解工作壓力而不斷揮霍金錢的循環。只要有人約喝酒，就會跟著去，不然就是花大錢玩樂，買不必要的品牌衣服，將金錢丟入無止盡的黑洞裡。

第二個是對工作沒興趣，有時間也不想學習，所以無法繼續成長的循環。不是有那種回家之後，滑手機看YouTube 看到天亮，白白浪費時間，不事生產的人嗎？

這時代有數不清的娛樂可以消磨時間，所以找不到「想做的事」的人，會無止盡地在這些娛樂浪費時間。

目前的工作不是自己的興趣的人，會陷在這兩個循環之中而無法繼續成長。

一旦停止成長，一開始覺得無聊的工作會變得更枯燥，進而淪為「人生失敗組」，動力也將慢慢耗盡。

你也一腳踏入這個「人生失敗組」了嗎？

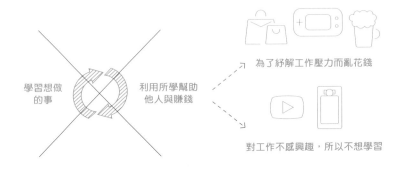

找不到想做的事，就進不了成長迴圈

學習想做
的事　　　利用所學幫助
他人與賺錢　　　為了紓解工作壓力而亂花錢

對工作不感興趣，所以不想學習

找到想做的事有「好處」，每個人都可找到想做的事

　　或許有人會覺得「就算你這麼說，我也找不到讓我很熱中或很想做的事啊」。

　　過去的我也這麼想，每位來諮詢的客戶開頭也都這麼說。但是請大家放心，因為要找到想做的事一點都不難，就跟解數學題一樣，「找到想做的事」也是有公式可循的。

　　我將這個公式稱為「自我理解術」。

　　透過這個「自我理解術」找到「想做的事」的客戶整個人變得神清氣爽，令人完全無法想像初見面時的他，而他也能自信地說「這就是我想做的事」，生活也因此變得充實。

看了整個人產生戲劇般變化的客戶後，我非常確定，沒有人找不到想做的事，只有不知道該怎麼尋找的人。

　　本書會在 Chapter 1 介紹五種找不到興趣的失敗模式，接著會介紹自我理解術，讓大家從自己的內心挖掘「想做的事情」。

解決「各種煩惱」的根本之道

　　本書介紹的技巧不是專屬於某些人，以下這些人都能運用。

- · 找工作
- · 創業
- · 自由工作者
- · 準備跳槽的人

　　如果你也希望對工作更有熱忱，這本書絕對能助你一臂之力。

　　因為進入社會後，不管是獨立創業還是跳槽，都是實現「興趣」的手段。

　　沒錯，所以你要先找到「想做的事」。

完全不需要執著於工作型態。我的客戶包含「正在找工作的大學三年級學生」「自由工作者」「創業家」「準備跳槽的上班族」「主婦」，如此廣泛的客戶層是最大的特徵。

這也是因為本書介紹的方法可透視工作方式的本質，也是任何時代與任何人都可應用的方法。

這些方法我都親自實踐過，也是每年幫助兩百位客戶尋找「想做的事」之後，效果得到實際驗證的方法。

更令人驚訝的是，使用自我理解術找到「想做的事」之後，「人際關係」或「健康」這類與工作無關的煩惱也跟著一掃而空。

接著為大家介紹一些使用本書方法創造成果的客戶的心聲。

・從 21 歲開始尋找「想做的事」，找了 7 年總算找到了（20 多歲男性、IT 顧問）

> 在了解自己之前，總是覺得悶悶不樂，因為不知道自己是否該繼續這樣下去。但就算讀了書，尋找自己想做的事，還是找不到。
> 直到學會八木先生的自我理解術，我才找到自己想做的事。我想，有系統地尋找才是重點。學了一段時間之後，我非常認同八木先生的方法。

· 很難再想起沒學會自我理解術的自己。（20幾歲女性、餐飲業）

> 在了解自己之前，我是個很在意別人眼光，總是四處迎合別人的人。但自從我建立了明確的價值觀，我變得敢說出心裡話，也能挺起腰桿做人，漸漸地，身邊就只剩下我真的很重視的人，這也是我最想要的狀態。
> 身體健康也有了明顯改善。在了解自己之前，我曾接受過自律神經失調症的診療，發現自己很常放不開負面的過去，可是當我了解自己後，我便知道什麼才是我想要的未來，而當我一步步走向這個未來，心裡也滿是雀躍。

想早一刻找到想做的事，徹底從「煩悶焦躁」的心情解脫

　　幫助大家早日找到「想做的事」是我的願望。因為隨著年齡增長，每個人都會被來自周遭親友的期待與「規範」綁住手腳。

- 「社會人士該有的規矩」
- 「身為上司該有的樣子」
- 「身為父母該有的榜樣」

在尋找想做的事時，這些「規範」往往會變成扯後腿的藉口。

知道自己想做什麼事的人，會在受到這些「規範」逼迫時，勇敢地說「No」，因為他們知道「自己需要什麼與不需要什麼」，因此他們能學到需要的技能與知識，一步步過著更自由的生活。

反觀那些囿於規範的人，總是擺脫不了習俗與常識，所以一步步掉入不自由的生活，於是他們開始跟年輕人建議「要趁當學生的時候玩個痛快，因為只有現在才有得玩」。我超討厭這種大人，也不希望正在閱讀本書的你變成這樣的大人。

希望大家日後的座右銘都是全力以赴地做「想做的事」，讓「人生越變越快樂」。

沒有人比別人聰明一百倍，但有些人卻能創造無可比擬的成果。

這是何故？

那是因為這些人比別人更懂得使用自己內在的能量。

善用內在能量的人會將能量集中於同一個方向。由於他們已經找到明確的人生目標，所以不會隨波逐流，也知道要達成目標需要具備哪些能力，因此不會浪費能量在那些自己不擅長的事上。

這些人是以純粹的好奇心為動力,而不是埋頭苦幹的類型,所以他們不會浪費時間在討厭的事,也比別人更有行動力。

換言之,能創造成果的人,往往懂得如何活用自己的特色。

不過,這不是什麼了不起的天分,而是每個人都可以從現在開始學習的技術,你也可以透過本書學會這項技術。要想在往後的人生裡面對最真實的自己,就得趁現在。

接著我將帶領大家進入無限成長的循環,讓你每天都期待接下來要做的事,並因這些想做的事情成長,同時讓身邊的人因此開心,收入也持續增加。

目錄

自我理解術：套公式讓你最快找到想做的事

Chapter

4 找到指引人生方向的羅盤——「重視的事」

Chapter

5 只要找到「擅長的事」，就能將這件事當成工作

Chapter 6 跟「找到喜歡的事再努力去做」說再見

Chapter 7 決定「真心想做的事」，開始活出「真正的自己」

8 讓人產生戲劇性轉變的自我理解魔法

1

五大誤解，讓你找不到
「真心想做的事」

在我說明「自我理解術」之前，首先要破除幾個關於「尋找想做的事」的迷思。假設不先解決這「五個誤解」，恐怕怎麼找也找不到想做的事。

話說回來，還真的有很多人不知不覺有這五個誤解，甚至有人在糾正這五個誤解之後，就找到自己「想做的事」，可見這類「迷思」有多麼強烈。

在說明讓我們找到興趣的自我理解術之前，必須先解決這些誤解，否則永遠都找不到想做的事。

接著就讓我們一一釐清這些誤解吧。

誤解①

以為必須是
「能持續做一輩子的事」

你身邊有沒有那種誇口自己「找到一輩子想做的事了！」的傢伙？

在「尋找想做的事」時，不可能會有「我想將這件事當成一生的工作」這種想法。

其實「想做的事」可以只是「現在最想做的事」。據說現在二十幾歲的人，有五成的機率可以活到一百歲，所以活在這個時代的人，恐怕有必要不斷追尋感興趣的事物。

而且社會的變化一年比一年更激烈，iPhone 的誕生也不過短短十年而已，若活在變化如此迅速的現代，還執著於某件「想做的事」，恐怕才危險吧。

以往人們很崇尚「持之以恆」這項美德，但現今的關鍵字是「變化」，比起堅毅不拔的精神，這時代更需要靈活應變的能力，更何況找到「想做的事」之後，也會對相關的領域產生興趣。

此時立刻切換跑道也是件好事。之前在不同領域學到的知識，一定能在下一件「想做的事」派上用場。

最危險的就是「沒有想做的事」，渾渾噩噩度過每一天。

如果你也很想「找到能持續做一輩子的事」，建議先從尋找「現在最想做的事」著手。

每天思考「現在最想做什麼」，到死都不會覺得厭煩的話，現在最想做的事就會變成「一輩子都想做的事」。

····· *point* ·····

　✗ 誤解：必須是一輩子都想做的事
　○ 實情：從現在最想做的事著手即可

找到想做的事時，
會有「這就是命運的安排」的錯覺

「『找到想做的事』，自然會有這就是命運的安排的感覺」是一種迷信，也是擋在我們前面的迷霧，讓我們找不到想做的事。

其實就算找到「想做的事」，一開始最多只會覺得**「咦？好像很有趣」**。

就我自己而言，我遇見「自我理解術」的時候，並沒有「這就是我想做的事」的衝擊感，只有「這個好像很有趣」的感覺。等到真的當成工作，又在工作過程中不斷成長，甚至因此得到別人感謝的時候，才真的有「這就是我想做的事」的感受。**不太可能一開始就覺得「這就是我的天職！」**。

接著為大家介紹足以佐證的研究。

印度的拉賈斯坦邦大學曾以「戀愛結婚」與「相親結婚」為題，調查哪種結婚方式比較讓人滿意。

就結婚不滿一年的滿意度而言，「戀愛結婚的 70 分」高於「相親結婚的 58 分」，但就長期的滿意度來看，「相親結婚的 68 分」反而高於「戀愛結婚的 40 分」。

為什麼會出現這種結果？

該研究認為，戀愛結婚是「以婚姻順利為前提，所以彼此若不努力經營婚姻，就會對婚姻感到不滿」；反觀相親結婚是「以婚姻不一定會順利為前提，所以會願意互相幫助，滿意度也因此上升」。

換言之，這就是「認為愛情從一開始就存在」的戀愛結婚與「愛情是一步步培育出來」的相親結婚的差異。

其實這跟「尋找想做的事」有異曲同工之妙。老想著「總有一天能遇到想做的事」的人與認為「邊做邊找，才能找到想做的事」的人，到底哪種人能真的找到滿意的工作呢？

若是沒弄清楚這點就開始尋找「想做的事」，恐怕會變成一直換工作的跳槽大王。

換工作本身並不是壞事。如果覺得自己不能在現在的工作發光發熱，還不如主動換工作。

但是懷抱「總有一天，我會遇到百分百滿意的天職」這種理想是很危險的。

因為這世上沒有這種完美無缺的工作，每種工作都有麻煩與討厭的部分，即使是「想做的事」，也有「不得不做的部分」，盡力享受這些必要之惡也是工作的一環。

尋找那宛如宿命的「工作」終究只是徒勞無功。只有先從不起眼的興趣開始培養，盡情享受目前的工作，才能創造出「真正想做的事」。

本書要幫助大家尋找的不是那些「如命運安排般想做的事」，而是那些「自己打從心底認同，由自己創造的想做的事」。

請拋下「某處一定有適合自己的工作」這種幻想，從合理的「想做的工作」開始尋找吧。

··· *point* ·····························
╭─────────────────────────────────────╮
│ ✕誤解：找到想做的事時，會響起命運的鐘聲 │
│ ○實情：就算找到想做的事，一開始也只是覺 │
│ 　　　　得很有趣而已 │
╰─────────────────────────────────────╯

誤解③

必須是「造福人群的事」

很多人以為「想做的事」必須是「造福人群的事」。

一旦有了這樣的錯覺，即使找到「想做的事」，恐怕也沒辦法跟身邊的人大聲說「這就是我想做的事」。

在尋找「想做的事」時，不用顧慮是否能造福人群。不管是什麼事情，只要你覺得有興趣，一定也會有別人覺得有興趣，只要接觸這些人，就一定能找到商機。

興趣要能成為工作，端看有沒有人對這個興趣感到價值，所以持續「做想做的事」最終「能造福人群」才

是正確的流程。

　　如果你滿腦子想著一定要找到「別人覺得很厲害、很羨慕的事」，請務必放下這份執著，因為扼殺自己的個性，只為「幫助他人」，說到底只是自我犧牲而已。

　　我們沒辦法一直勉強自己「**為了別人**努力」。我與來諮詢的客戶細談之後，發現為了別人犧牲很難超過三年。當然也可以在超過三年之前了解自己與尋找其他的可能性，但不管你再怎麼勉強自己，為了別人燃燒自己，最多也不會超過三年。

　　相反的，「想做的事」應該是能輕鬆持之以恆的事，所以才能長期對別人做出貢獻。

　　做想做的事，不僅能讓自己開心，也能持續幫助別人，得到別人的感謝，建立利己利人的良性循環。

> **point**
>
> ×誤解：必須是為了別人犧牲的事
> ○實情：為自己而活才能幫助他人

要找到想做的事，就必須 「積極採取行動」

　　我常聽到「不知道想做什麼，就先積極採取行動」的建議。大家在找別人商量時，應該很常聽到這類建議吧，但我敢說，這種方法絕對是錯的，因為「不知道該做什麼」的原因往往是「選項多得眼花撩亂」。

　　「我想做的事就是這個！」要知道這點，必須具備兩個元素。

　　一個是**選項**，也就是知道哪些工作可以選擇。知道這點是非常重要的。隨著社群網站普及，我們能知道的工作非常多，很多人都在網站上發布這類訊息，所以我們有很多工作可以選擇。

　　另一個元素是**選擇基準**。不管選項有多少，缺乏篩選的能力，就無法找到由衷認同的工作。

　　其實只要想像一下挑衣服的情形，就不難想像我在說什麼。走進服飾店，掛在架上的衣服可說是琳瑯滿目，但如果沒有挑衣服的基準，會發生什麼事？很可能會被「這件現在很流行喔」「這件價格很便宜喔」這類資訊干擾，找不到「自己想穿的衣服」，甚至是選錯衣服對吧。挑錯衣服不是什麼嚴重的事，不會對人生造成太大

的困擾，但挑錯工作可就不是這麼簡單了。

選擇太多　　　　　　　　選擇基準　　　　　　　想穿的衣服

假設因為「現在很流行這個」或「薪水很高」這類基準而挑錯工作，不難想像後續將造成很大的弊端。

在「不知道該做什麼」的時候，絕對不能繼續增加選項，尤其我們手邊的選項已經多得難以細數了。

我們需要進一步建立的是「**選擇基準**」。這個基準只在自己心中，所以要建立這個基準就必須了解自己，否則不管怎麼往外尋找，也只會因為選項太多而難以展開行動。

···· *point* ····

　✕誤解：要找到想做的事，必須積極採取行動
　○實情：要找到想做的事，必須先了解自己

想做的事沒辦法變成「工作」

　　尋找想做的事時，最大的阻礙就是「**想做的事，似乎沒辦法變成工作⋯⋯**」這個想法，但我要告訴大家，若是一直這麼想，你絕對找不到「想做的事」。

　　接著為大家介紹很重要的想法。

・「想做的事」只存於內心
・實踐「想做的事」的方法在社會之中

　　請大家先了解上面這兩種想法。

　　比方說，問職場的前輩「**我想做的事是什麼？**」，這位前輩一定沒辦法回答你，因為你「想做的事」只有你的內心知道。

　　但如果改問這位前輩「**我想從事唱歌方面的工作，該怎麼做才行？**」對方應該就會給你某些建議，說不定會介紹從事歌唱工作的朋友給你。「想做的事」雖然只存於你的內心，但實踐「想做的事」的方法卻到處都是。

　　當我想到「我想告訴更多人『自我理解』的方法」時，一開始根本沒想過要怎麼把這件事轉換成工作。

　　我參考了很多幫助別人理解自己的人的作法，也聽

了很多該怎麼把這件事轉換成工作的意見，漸漸的我也能將它轉換成工作，換言之，也就是能夠賺到錢了。

現在的我希望「自我理解術」能在這個世界普及，所以我一邊聽從已經做到的人的意見，一邊做我自己的事情。這段邊嘗試邊做，讓興趣變成工作的過程，將在 Chapter 7 具體解說。

在思考「想做什麼」的時候，不用想該怎麼讓這件事變成工作。只要你覺得想做，一定有人已經把這件事當成工作在做。雖然不能照抄別人的工作內容，但至少可以模仿對方將興趣變成工作的方法，各位讀者當然也能模仿我的方法。

如果連「把想做的事變成工作」的方法都得自己想，那麼恐怕會更難找到「想做的事」。所以在尋找「想做的事」時，不妨先放下讓這件事變成工作的想法，等到之後再琢磨就好。

···· point ····

✕ 誤解：想做的事沒辦法變成「工作」
〇 實情：想做的事只存於心中，實踐的方法
　　　　卻可在社會中找到

了解這五個誤解後，大家就已經站在「尋找想做的事」的起點。Chapter 2 將根據我的尋找經驗，說明為什麼有些人找得到自己想做的事，有些人卻找不到。

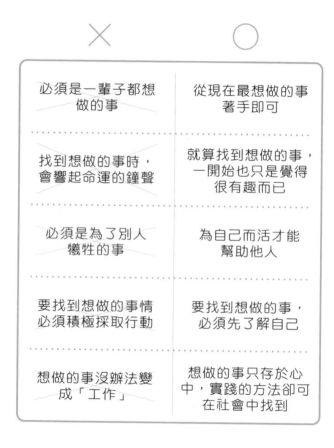

✕	◯
必須是一輩子都想做的事	從現在最想做的事著手即可
找到想做的事時，會響起命運的鐘聲	就算找到想做的事，一開始也只是覺得很有趣而已
必須是為了別人犧牲的事	為自己而活才能幫助他人
要找到想做的事情必須積極採取行動	要找到想做的事，必須先了解自己
想做的事沒辦法變成「工作」	想做的事只存於心中，實踐的方法卻可在社會中找到

Chapter

2

為什麼會為了
「找不到想做的事」而
一直徬徨呢？

被超商開除後，找到「想做的事」，創造人生逆轉勝的故事

　　大學一年級春節，我跟朋友到名古屋旅行。正當我在家庭式餐廳吃晚餐的時候，電話響起，一看號碼，是打工地點的超商店長打來的。

　　我平常很少接到打工地點打來的電話，所以一邊想著「怎麼回事」一邊接起電話。「八木，你工作很消極，之前又因為感冒請假，很少排班，所以你以後不用來打工了，就這樣。」店長突如其來地開除了我。

　　由於店長說得很急，我只能回答「好，好」就被掛掉電話，也被開除了。

　　那是在超商打工才兩個月的事。

　　這個打工的條件很棒，一來很靠近早稻田站，二來時薪高達一千圓，我應徵的理由則是「應該很輕鬆吧」，所以也沒怎麼用心在做。

　　等到我開始打工後，才發現有很多我不懂的工作內容，例如補貨、賣郵票、上架即食食品，製作飯糰、收乾洗衣物、使用電子錢包。明明是以為「很輕鬆」才應徵的打工，沒想到要學的東西那麼多，而且我什麼都不會。

　　印象最深刻的是，香菸的品牌實在多得讓人記不住。要從一整面琳瑯滿目、種類接近一百種的香菸瞬間

找出客人想買的品牌，真的是一件很困難的事。

　　或許是因為這些挫折，慢慢地我開始覺得「為什麼我得用一千圓賣掉一小時的時間，啊～真不想去打工」，工作意願也越來越低落。

　　我記得那時的我，不斷地瞄掛在櫃台遠方牆壁的時鐘，滿腦子想著「怎麼只過了五分鐘」，一直等待著下班。

　　如此低落的工作意願，當然會接到剛剛那種電話。

　　老實說，在開始打工之前，我曾經看不起這份工作，覺得「幹嘛把人生浪費在這種誰都能做的工作上」，沒想到自己連這份工作都做不來，我也不知道該怎麼安慰這麼沒用的自己，沮喪了好一陣子。

　　不打工，光靠父母親寄來的錢很難打平開銷。

　　不過那時的我，完全想不到我還能做什麼工作，因為我連超商的工作都被開除了。

　　當我邊想自己能做什麼，邊在網路搜尋工作時，發現了一個「診斷強項」的網站。當時我覺得「如果做了這個診斷，說不定能找到自己的強項」，於是付了錢，花了四十分鐘接受診斷。

　　診斷的結果發現：

· 我不太適合從事既定流程的工作
· 屬於跟第一次見面或是很多人講話，會覺得很累的類型

．天性討厭接受指令

我完全不具備超商工作所要求的能力，反而發現自己的強項是：

．有源源不絕的點子
．對仔細思考的工作完全不以為苦
．擅長向別人闡述自己的想法

單純如我，看了這個診斷結果之後找回了自信，這才發現：「原來我會被超商開除，只是因為不適合超商的工作，我不是沒有工作能力的人啊。」

於是我設立了「部落格」，想試著從事自己的強項，也就是把自己的想法傳達給他人。

當時正值每個人都在說「寫部落格就能每個月賺幾萬圓零用錢」的時期，所以我也抱著「能賺個幾萬圓就太棒的心情」設立了部落格。

坐在電腦前面寫文章這件事對我來說一點都不辛苦，幸運的是，寫到第十篇文章〈介紹高田馬場的拉麵〉，在社群網路上就有將近一萬人讀過。

我開始覺得「說不定我很適合這份工作」，立刻投入經營部落格。這份工作可照著自己的節奏來做，也不會有人在旁邊催促，所以我做得很開心，在大學上課的

時候也在寫部落格，午間休息時，不吃午餐也要在圖書館寫部落格，就連去分組討論的課上，也偷偷地在寫部落格。

慢慢地，我可以靠部落格賺到錢了。記得一開始是每個月賺到三千圓，接著是一萬圓，過了半年之後，居然賺到比去超商打工還多的九萬圓，而且是透過自己的興趣賺到的。

過了一年半，我的月收入已經突破一百萬圓。

當時我便知道「做自己不擅長的事，只會讓自己覺得很累，什麼也得不到，只有做擅長的事，才能很快做出成果，而且還很快樂」。

當時我覺得還在念大學就有如此收入的話，就不需要找工作了，於是大學畢業後就立刻創業。當時的我很驕傲，覺得「二十二歲就能月收百萬，人生還真是簡單啊」。沒想到，人生沒有想像中的順利，因為一開始為了興趣所寫的部落格，慢慢地變成「只為了賺錢而寫的工作」。

若問我為什麼寫部落格，答案就是「為了賺錢」。若問我要寫什麼文章，就是「能賺錢的文章」，當時的我滿腦子只剩賺錢的想法。

透過自我理解術
找到人生目標

靠部落格
月入 100 萬

念大學

發現興趣

發現專長

被超商開除

失去工作目標，
變得憂鬱

　　抱著這種心態工作當然不快樂。物質是滿足了，從旁人的角度來看，當時的我應該是成功的，但問我幸不幸福，我一點幸福的感覺都沒有，感覺自己只是一台**會吐鈔的機器**，日以繼夜地敲打著鍵盤。

　　「要是繼續這份工作，我的人生應該會一直這麼枯燥吧……」我雖然會這麼想，但這到底是份能賺得到錢的工作，沒辦法說放棄就放棄，於是我有長達一年的時間都在想「再這樣下去真的好嗎？」一直悶悶不樂地寫著部落格。

　　某天早上醒來，我發現身體不太對勁，覺得腦袋很沉重，感官也很遲鈍，也完全沒有工作的心情。不明所以的我去了家附近常去的拉麵店，點了碗口味濃重的拉麵，卻食不知味。

　　我在網路上調查自己的症狀後，發現是輕度憂鬱症。

　　看來是因為長期承受壓力而陷入憂鬱。所幸休息一週左右，症狀就消失了，但眼前的現實還是一成不變。

真心覺得「再這樣工作下去，總有一天會完蛋」的我，決定面對「我到底想做什麼事」這個問題。

當時的我，書一本接著一本讀，覺得有趣的講座就去聽，試著從這些事找出自己想做的事。

於是我發現「原來我喜歡探索內在的自己啊」，越學越了解自己，內心的快樂也越是不停湧現。

話說回來，我以前就對心理學或哲學很有興趣，雖然不愛讀書，但「倫理」這堂課是我唯一學得很開心的科目。當時的我突然覺得：「要是把探索內在這件事當成工作來做，會有什麼結果？」

那時的我覺得，要是能對那些跟過去的我一樣，不知道自己的強項，也不知道想做什麼，如同身處黑暗之中的人，說一說我到目前為止學到的事，應該不錯，而且這跟之前當成工作在做的部落格是完全不同的主題。

當時我開始在部落格裡寫「自我理解」這個主題，目的是「為過著相同人生的人解決煩惱」。

寫著寫著，有些讀者跟我說「想知道更多這方面的事！」，雜誌《anan》也問我能否刊載自我理解術。我將這些方法加以整理分享，也大受歡迎。

而現在，為了讓更多人有系統地了解自我理解術，才開始執筆撰寫本書。

現在的我覺得，學校應該把奠定人生基本方向的「自我理解」納入必修課程。

明明從小學到大學畢業有整整十六年的時間，卻不知道自己喜歡什麼、擅長什麼以及想珍惜什麼的話，那不是很奇怪嗎？假設你也正在煩惱「該怎麼做，才能透過想做的事活出自己」這個問題，我希望透過本書告訴你，我在實踐這個過程中學到了什麼。

point

「找到想做的事」，人生就會改變

不知「想做什麼」就
「先行動看看」的陷阱

為什麼要找到「想做的事」必須先了解自己呢？

這是因為這世界實在太過複雜。

大家可曾聽過「VUCA」這個詞嗎？ VUCA 是源自「Volatility（變動性）」「Uncertainty（不確定性）」「Complexity（複雜性）」「Ambiguity（不定性）」這四個英文字的首字所組成，指的是涵蓋萬物的環境越來越複雜，意料之外的事情接二連三發生，以致於難以預測未來的狀態。

選項太多，就很難從中挑出想做的事。

大家聽過哥倫比亞大學透過實驗證實的**「果醬法則」**嗎？

　　如果在超市的試吃攤位準備 24 種果醬，會在試吃之後選擇購買的人只有 3%；如果果醬的種類減至 6 種，試吃之後願意購買的人會增加至 30%。

　　選項太多就「乾脆不選」，這是大部分人的習性，所以提供 24 種果醬供客人選擇，反而賣得不好。

　　沒辦法決定想做的事的人也是一樣。

　　當琳瑯滿目的選項擺在眼前，很多人會乾脆「不選擇」，或是延後決定，拖拖拉拉地過生活。

　　　　　24 種果醬　　　　　　　　6 種果醬

↑　許多人都有「選擇困難」的毛病，選擇一多就做不了決定

　　再者，以為「不知道想做的事，是因為行動力不足」，一直嘗試可能有興趣的事，只會讓選項越變越多，越來越不知該如何選擇。

「迷惘的人」與「不斷前進的人」只有一點不同

　　那麼在選項多得眼花撩亂的這個世界裡，該怎麼決定自己的人生路呢？

　　最危險的就是「哪條路最有利」這種理性的判斷。在時代變化如此劇烈之中，在當下有利的選擇，在下一秒就變得不利，這種情況是非常常見的。

　　在三十年前的一九八九年，市場總值排全世界前五十名的企業之中，有三十二家是日本企業，但大家是否知道，到了二○一八年還剩下幾家呢？

　　沒想到只剩下 TOYOTA 汽車一家，可見三十年的社會樣貌有多麼大的改變。

　　這代表「現在走這條路比較有利」的想法，很可能在十年後、二十年後失去優勢。我身邊有不少獨立創業的朋友都在說「現在虛擬貨幣好像很好賺！」「寫程式好像很好賺」，但只要一嘗不到甜頭，他們就放棄了。

　　這些朋友當然很難在職場一帆風順。徬徨的人往往

1989年世界企業市值排行榜

順位	企業名稱	總特市值	國名
1	NTT	1,639	日本
2	日本興銀	716	日本
3	住友銀行	696	日本
4	富士銀行	671	日本
5	第一勸銀	661	日本
6	IBM	647	美國
7	三菱銀行	593	日本
8	埃克森美孚	549	美國
9	東京電力	545	日本
10	殼牌石油公司	544	美國
11	TOYOTA 汽車	542	日本
12	GE	494	美國
13	三和銀行	493	日本
14	野村證券	444	日本
15	新日本製鐵	415	日本
16	AT&T	381	美國
17	日立製作所	358	日本
18	松下電器	357	日本
19	普利普莫里斯國際公司	321	美國
20	東芝	309	日本
21	關西電力	309	日本
22	日本長信銀	309	日本
23	東海銀行	305	日本
24	三井銀行	297	日本
25	美國默克集團	275	美國
26	日產汽車	270	日本
27	三菱重工	267	日本
28	杜邦	261	美國
29	GM	253	美國
30	三菱信託銀	247	日本
31	BT	243	英國
32	南方貝爾	242	美國
33	BP	242	英國
34	福特	239	美國
35	Amoco 石油	229	美國
36	東京銀行	225	日本
37	中部電力	220	日本
38	住友信託銀	19	日本
39	可口可樂	215	美國
40	沃爾瑪	215	美國
41	三菱地所	215	日本
42	川崎製鐵	213	日本
43	Mobil	212	美國
44	東京瓦斯	211	日本
45	東京海上保險	209	日本
46	NKK	202	日本
47	美國機車公司	196	美國
48	日本電氣	196	日本
49	大和證券	191	日本
50	旭硝子	191	日本

出處《美國商業週刊》　單位 美元

2018年世界企業市值排行榜

順位	企業名稱	總特市值	國名
1	蘋果	9,410	美國
2	亞馬遜	8,801	美國
3	Alphabet	8,337	美國
4	微軟	8,158	美國
5	臉書	6,093	美國
6	波克夏海瑟威公司	4,925	美國
7	阿里巴巴 G	4,796	中國
8	騰訊	4,557	中國
9	JP 摩根	3,740	美國
10	埃克森美孚石油公司	3,447	美國
11	嬌生	3,376	美國
12	VISA	3,144	美國
13	美國銀行	3,017	美國
14	殼牌石油公司	2,900	英國
15	中國工商銀行	2,871	中國
16	三星電子	2,843	韓國
17	富國銀行集團	2,735	美國
18	沃爾瑪	2,599	美國
19	中國建設銀行	2,503	中國
20	雀巢	2,455	瑞士
21	聯合健康集團	2,431	美國
22	英特爾	2,419	美國
23	安海斯布希英博集團	2,372	比利時
24	雪佛龍公司	2,337	美國
25	家得寶	2,335	美國
26	輝瑞	2,184	美國
27	萬事達	2,166	美國
28	威訊通訊	2,092	美國
29	波音	2,044	美國
30	羅氏	2,015	瑞士
31	台積電	2,013	台灣
32	中國石油天然氣集團	1,984	中國
33	P&G	1,979	美國
34	思科系統	1,976	美國
35	TOYOTA 汽車	1,940	日本
36	甲骨文公司	1,939	美國
37	可口可樂	1,926	美國
38	諾華	1,922	瑞士
39	AT&T	1,912	美國
40	HSBC・H	1,874	英國
41	中國移動	1,787	香港
42	路易威登	1,748	法國
43	花旗	1,742	美國
44	中國農業銀行	1,693	中國
45	美國默克集團	1,682	美國
46	華特迪士尼	1,662	美國
47	百事食品	1,642	美國
48	中國平安保險	1,638	中國
49	道達爾	1,611	法國
50	Netflix	1,572	美國

《週刊 Diamond》編輯部

Chapter ② 為什麼會為了「找不到想做的事」而一直徬徨呢？

是滿腦子想著「該做這個嗎？哪邊比較有利？」這類問題，而身處時代變遷快速的我們，必須擁有完全不同的判斷基準，才能透過理性判斷「哪邊比較有利」。

這個判斷基準就是「到底想怎麼做？」也就是心的基準。

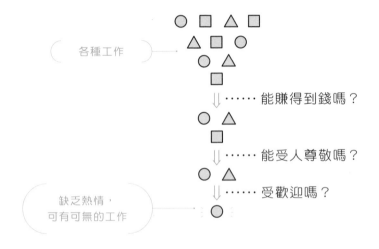

要在重視利益的基準下，從眼前無數個選項做出「該選哪個」的選擇，通常會選得眼花撩亂，但是將挑選的基準換成「想做哪個」，就能快速做出選擇。

「有興趣的事」「受吸引的事」「符合價值觀的事」，讓我們利用這些內在的基準選擇吧。

只有利用自己特有的「濾網」，才能從無數的選項之中，篩出幾個可行的選項。

你的內在世界不同於 VUCA 的外部世界，不會有太大的波瀾，所以一旦做出決定，就不會再迷惘，不管世界怎麼改變，你都能貫徹始終。

究其根本，你之所以會感到迷惑，全是因為選擇的基準有問題。

「該做哪個？」若只注意利益，就找不到答案，因為狀況一改變，你的決定就會跟著改變，所以才無法從迷惘脫身。

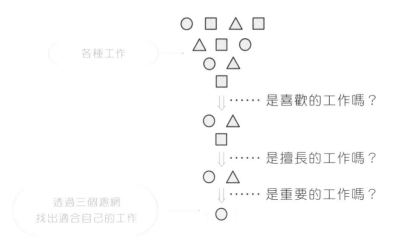

就算覺得自己已經找到了適合的工作，一旦篩選基準是錯誤的，就不會對該工作抱有熱情，也會覺得該工作可有可無。

我自己也有過類似的經驗。那時的我以利益為導

向，所以總是徬徨失措。

每每在 Twitter 看到名人的金句，就不知該何去何從。

每次閱讀心理勵志的書籍，都會被書中的內容影響。

那時總是被別人的思路牽著走，所以總覺得沒有自己的重心。總是迷惘的我，也無法做好工作。一直處在無重心的狀態，就無法掌握未來，所以也一直感到不安。

如果你也是這樣，請從根本改變思維，必須將判斷基準從仰賴外部的「他人重心」切換成位於內心的「自我重心」。

正因為時代的變化如此激烈，所以內心才需要擁有無可動搖的重心。

如此一來，就能在如此複雜的社會朝著固定的方向前進，至於擁有這種判斷基準的方法將會在下一章解說。

····· *point* ··

讓人陷入迷惘的判斷基準：「該選哪個」
讓人擺脫迷惘的判斷基準：「想做哪個」

···

本書架構

思考模式

了解找不到想做的事 ‥‥‥ Chapter 1 ～ 2 (P.17)
的理由

學習自我理解術 ‥‥‥‥‥‥ Chapter 3 (P.45)

實踐方法

- step 1-
找到重要的事（價值觀）‥‥‥ Chapter 4 (P.85)

- step 2-
找到擅長的事（才華）‥‥‥‥ Chapter 5 (P.121)

- step 3-
找到喜歡的事（熱情）‥‥‥‥ Chapter 6 (P.145)

- step 4-
找到真心想做的事 ‥‥‥‥‥‥ Chapter 7 (P.161)

行動

實現真心想做的事 ‥‥‥‥‥‥ Chapter 8 (P.179)

自我理解術：
套公式讓你最快
找到想做的事

之所以找不到「想做的事」
只是不了解詞彙的意思

接下來，為了釐清自己「想做的事」，讓我們一起學習我提倡的「自我理解術」吧。

在開始介紹這個方法的具體內容之前，有件事先請大家了解，那就是之所以「找不到想做的事」，全因詞彙的分類不足。

「找想做的事，會越找越迷惘」，這全因對詞彙的定義不清，在似懂非懂的情況下尋找。

· 什麼是「人生的重心」？

· 什麼是「自我重心」？

· 「活出自我」是什麼意思？

透過這種模稜兩可的詞彙尋找想做的事，絕對是緣木求魚。話說回來，「想做的事」的定義原本就很模糊吧。

想做的事

活出自我

人生的重心

自我重心

　　來找我商量的客戶常異口同聲地說「我去上了一些有關找工作的課程，也讀了幾本自我分析的書，但我還是找不到『想做的事』……」。

　　有些人為了找到「想做的事」，會看很多自我分析的書，試著回答書裡的各種問題，但其實常常是白忙一場。我記得有位客戶在參加自我理解課程之前，已經先做過五百題以上的這類問題，但他似乎還是沒找到「自己想做的事」。

　　我跟這類客戶聊過之後才發現，他們都有**「思緒亂七八糟」**的問題。

　　為了分析自己而回顧過去的經驗，會得到很多幫助我們找到「想做的事」的線索，但是這類客戶通常不知道該如何組合這些線索。這是一種手上有很多拼圖的碎片，但不知道該怎麼將這些碎片組成一大幅畫的狀態。這些客戶真正該做的是在回答這類問題之前，先釐清「到底想要做到什麼」這個問題。

　　否則不管回答了幾題，收集了多少塊拼圖的碎片，

還是無法抵達終點，無法對自己大聲喊出「**我想做的事情就是這個！**」。

本書就是要教大家怎麼把碎片拼成完整的拼圖。

當這幅拼圖完成之後，你將不會再悶悶不樂，那些「想賺大錢」「想讓全世界不再陷入窮困」「想成為YouTuber」「想創業」「想平穩地過生活」「想彈吉他」「想跟別人聊天」都不是本書所說的「想做的事」，**都是聽起來很像「想做的事」，實際卻不然的事**。

或許大家會覺得「咦？真的嗎？」但只要繼續讀下去，就能順藤摸瓜，一解謎團。

本書將一邊解說自我理解術，一邊帶著大家釐清「想做的事」的意思。

·· point ······

之所以「找不到想做的事」，全因詞彙的分類不足

不靠「直覺」，
只憑「邏輯」找出想做的事

有三塊重要的拼圖能幫助我們找到「真心想做的事」，是的，只要找到這三塊拼圖，誰都能得到夢想的

工作方式。

　　反之，若你對現在的工作不滿足，恐怕是少了這三塊拼圖的其中一塊。只要知道少了哪塊，之後只需要補齊就好。

　　我讀過三百多本心理學與自我分析書籍，卻從來沒讀到既簡單又有條理的方法，幫助我們找到想做的事，因為這些書都只介紹了三塊拼圖的其中一塊，所以再怎麼讀，也找不到想做的事。

　　當我總算整理出這個方法之後，我心想「這麼一來，我能把尋找想做的事的方法說得一清二楚了！」我還記得，我興奮地在白板上大書特書，為朋友介紹這個方法。

　　學會自我理解術的客戶也告訴我「我只花了一天就透過這張圖解決了半年以來的煩惱，打開了通往未來的道路」。

　　Chapter 1 的主題在於很多人以為「找到想做的事」等於「偶然發現自己的天職」。許多心理勵志書都會介紹許多因為命運的安排，「找到值得終其一生從事的工作，進而專心致志從事該工作」的人，但這些人恐怕只占全世界人口的百分之一吧。

　　像我與其他百分之九十九的普通人要想組成拼圖，只能認真看待自己的每一種心情，才能找出「想做的事」。

　　有時尚感的人可憑感覺挑出時髦的衣服，但沒有時尚感的人若憑直覺挑衣服，恐怕會穿成一身土氣，所以

這些人只能學習時尚的邏輯，收集每一個必要的配件，才能穿出時尚感。

我也沒有「找出想做的事」的涵養，正因為如此，只能拚命思考，設計出誰都能運用的方法。我這個方法不適合那些從一開始就知道「自己想做什麼事」的人。

正因為如此，自我理解術不會出現那些「要找到想做的事，就傾聽自己的心聲」這種莫名其妙的內容，而是會透過明確的基準加以解說。

接著為大家介紹自我理解術的三大支柱。

····· *point* ··

× 誤解：憑直覺尋找
○ 實情：透過邏輯尋找

自我理解術的三大支柱，
讓你不再需要尋找「想做的事」

總算要為大家介紹自我理解術的三大支柱了，所謂的三大支柱就是：

1. 喜歡的事
2. 擅長的事

3. 重視的事

　這三個元素可組出兩個公式。

公式①喜歡的事 × 擅長的事＝想做的事

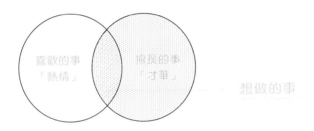

公式②喜歡的事 × 擅長的事 × 重視的事＝真心想做的事

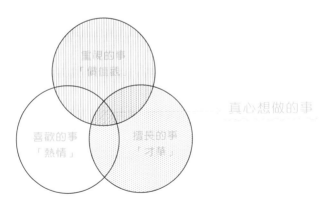

　公式①的**「喜歡 × 擅長」**雖然能幫我們找到「想做的事」，但少了**「重視的事」**，所以還不算是「想做的事」。

一旦「喜歡 × 擅長＝想做的事」乘上「重視的事」，就會變成「喜歡 × 擅長 × 重視＝真心想做的事」。接著為大家繼續說明。

公式①

「喜歡的事 × 擅長的事＝
想做的事」到底是什麼意思？

一開始先從「想做的事」介紹。許多人以為「喜歡的事＝想做的事」，但這樣的分類太過粗糙。「想做的事」就是「『以自己擅長的方式從事喜歡的事』」。為了讓大家了解「想做的事」的定義，讓我們先為「喜歡的事」與「擅長的事」下定義。

・能持續成長的是「喜歡的事」（熱情）

喜歡的事
「熱情」

「喜歡的事」就是「有熱情的領域」。

例如：心理學、環保問題、流行、醫療、機器人這些領域就屬其中之一，解釋成「業界」或許比較能讓正在找工作或準備跳槽的人聽得懂。

若問「喜歡的事（＝熱情）有哪些特徵」，大概可以整理出下面幾點。

· 有興趣，但想進一步了解
· 只是稍微接觸就覺得有趣，產生「這件事真能當成工作來做嗎？」的想法
· 會出現很多「為什麼？」「該怎麼深入接觸？」的疑問（例如：為什麼機器人會動？）

讓你覺得有趣，恨不得想趕快參與其中的「領域」就稱為喜歡的事。

· **其實百分之百的人都擁有自己尚未察覺，卻「很擅長的事」（才華）**

擅長的事
「才華」

接著要介紹的是「擅長的事」，也就是「自然而然比別人容易學會，做起來很愉快，一點都不以為苦」的事。

由於是順理成章學會的事，所以也可說是一種「才華」（有時也解釋成特質、性格）。

例如：懂得易地而處，為他人著想、善於與他人競爭、很會讀書、收集資訊、懂得深入思考與分析，這些都是所謂的才華。若問擅長的事（才華）有哪些特徵，大致可整理出下列幾種。

· 做的時候很愉悅
· 自然而然就願意去做，一點都不覺得勉強
· 做的時候沒有壓力，很容易一頭栽進去
· 做的時候會感受到自己的存在
· 就算不是工作，平常也會去做
· 會覺得別人「怎麼連這麼點事都做不好？」

做擅長的事與做喜歡的事一樣，做的時候都會覺得很開心，所以有些自我分析的書或課程會將「擅長的事」列入「喜歡的事」。

不過我認為將兩者分開會比較容易了解與整理，所以「自我理解術」才另外訂出「擅長的事」這個分類。

・一旦誤會，人生的路可能越走越窄
「擅長的事」不等於「技能與知識」

右邊這兩個圓圈
是完全不一樣的內容

擅長的事
（才華）

技能
知識

　　「擅長的事」最容易與「技能或知識」混為一談，
這兩件事雖然很像，卻完全不一樣。

　　「擅長的事」屬於「能預估風險」「懂得體貼別人」
「懂得打破砂鍋問到底」這些事，但「技能與知識」卻
是「會說英文」「會寫程式」「懂得網路行銷」這些事情。

　　這兩者通常都被稱為「擅長的事」，但其實截然不
同。首先，「擅長的事」是與生俱來的，而「知識與技術」
則是後天學習而來。

　　此外，一旦學會「擅長的事」，就能運用於各種工
作中，但「技能與知識」只能在特定的工作應用（寫程
式的技能無法於各種工作應用）。

　　下頁是列出雙方差異的表格，提供各位參考。

擅長的事（才華）	技能與知識
自然而然就學會，做的時候很開心	擅長的技能、深入了解的知識
能預估風險、懂得體貼別人、懂得打破砂鍋問到底	英語、程式設計、網頁、行銷、料理的相關知識
不會成為一種技能	會成為某種技能
可運用於各種工作中	只能在特定的工作運用

比較重要的是「擅長的事」，因為可在各種工作應用，學會之後，不管時代如何變化，都能當成開疆闢土的武器使用。

「技能與知識」當然也很重要，但通常會隨著時代的變化而變得不堪用。

再者，過於依賴技能或知識的人，有時候反而會活得很不自由。

例如想跳槽的時候，就會不自覺思考「現在擁有的復健師證照還可以在哪個職場使用」這個問題。

不過，若一直像這樣以擁有的「技能或知識」思考工作，選項會越來越少，也找不到想做的事情。

「技能或知識」原本只是充實人生的手段，很多人卻不知不覺將應用這些手段當成「目的」，所以這些好

不容易學來的「技能或知識」，卻成為人生的束縛，一切變得本末倒置。

　　技能或知識都只是幫助我們從事興趣的手段，若是將活用技能當成某種目的，人生當然會變得很無聊，所以才有必要將「擅長的事」解釋成不管任何時候、職場都適用的特質。而「技能或知識」則可以在找到「真心想做的事情」之後才學會。

····· *point* ·····

　　受限於技能或知識，人生會越來越不自由
　　發現自己的才華，人生才得以越來越自由

「想做的事」到底是什麼？

　　「想做的事」就是「既擅長又喜歡的事」，可以用以下這張圖表示。

　　喜歡的事　擅長的事
　　（熱情）　（才華）　───▶　想做的事

例如「喜歡時尚」並不是本書所說的「想做的事」
喲，因為這算是某種興趣，所以應該分類為「喜歡的
事」。「製作東西的時候很快樂！」也不是「想做的事」，
而是「擅長的事」，所以當這兩件事合在一起，變成「想
製作時尚相關的產品」，才算找到「想做的事」。

　　換言之，「想做的事」就是「What（做什麼）×How
（該怎麼做）」的組合，也就是兼具「What＝喜歡的事」
與「How＝擅長的事」這兩個特性的事。

・What＝時尚
・How＝製作
・What×How＝想製作時尚相關的產品

　　許多人都只想著「What」，所以老是選錯工作。「喜
歡吃東西，所以投身食品業界吧！」滿腦子都是這種想
法所以才會失敗。如果在職場負責的工作不是「擅長的

事」，那麼工作就是一種折磨。

　　所以每當我聽到「喜歡讀書，所以在書店工作吧！」這類想法，總是急著告訴對方「先緩一緩再做決定吧」，因為就算喜歡「書」（What），也不一定會喜歡「書店的工作內容（How）」喲，可見在尋找「想做的事」之際，思考工作內容（How）是否適合自己也是非常重要的一環。

　　我「想做的事」就是「有系統地傳授自我理解術」。「自我理解」是我「喜歡的事」，是我喜歡得難以自拔的事，而「有系統地傳授知識」是我「擅長的事」，對我來說，將每日所學有條理地告訴別人並不是一種工作，而是我自然而然會去做的事，所以是「擅長的事」。

- What＝自我理解術
- How＝將所學傳授給別人
- What×How＝將自我理解術傳授給別人

若知道自己「喜歡什麼」，但「擅長的事」不一樣的話，「想做的事」也會跟著改變。

　　舉例來說，就算「喜歡的事」也是「自我理解」，如果擅長的事是「傾聽別人心聲」，那麼讓別人傾訴心聲，進而察覺內心就是「想做的事」，就算是寫書，書的重點應該會放在引起的共鳴，而不是像我這樣有系統地傳授知識，書的內容恐怕也與本書截然不同。

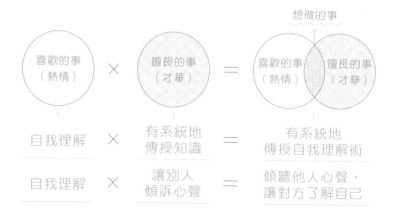

　　此外，就算「擅長的事」一樣，只要「喜歡的事」不同，「想做的事」也會跟著改變喲。

　　假設都很擅長「有系統地傳授知識」，但喜歡的事情是「體育」，「想做的事」就會是「有系統地傳授體育知識」。

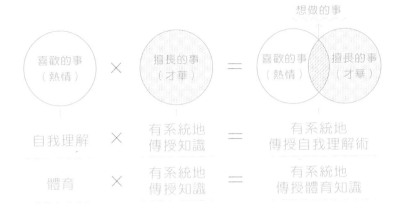

想做的事

喜歡的事（熱情）	×	擅長的事（才華）	=	喜歡的事（熱情） 擅長的事（才華）
自我理解	×	有系統地傳授知識	=	有系統地傳授自我理解術
體育	×	有系統地傳授知識	=	有系統地傳授體育知識

這就是本書對「想做的事」的定義。

·「想做的事」與「想成為的人」有何差異？

　　「想成為的人」與「想做的事」聽起來很相似，但其實是兩碼子事。有些人被問到「想做什麼事」，會回到「想成為 YouTuber」，但「想成為 YouTuber」是「想成為的人」的意思。不建議以職業回答「想做什麼事」這個問題，理由如下：

· 理由 1. 會把注意力都放在對「工作的想像」

　　之所以不建議以職業回答「想做什麼事」這個問題，是因為在思考「想成為什麼樣的人」這個問題時，往往會將注意力放在對工作的「想像」，換言之，許多孩子都抱著「想成為眾所矚目的 YouTuber」的憧憬，但其

實只有不以 YouTuber 的工作為苦，能忍耐「寫企畫」「拍攝」「編輯影片」這些枯燥作業的人，才有機會成為 YouTuber。

而且在達成「受眾人矚目」這個夢想之前，可說是條漫漫長路，所以若只是因為某種想像而投入不感興趣的工作，很快就會以挫折收場。

相對的，在尋找「想做的事」之際，可將注意力放在「工作內容」。假設本來就喜歡「寫企畫」「拍攝」「編輯影片」這些作業，就會覺得 YouTuber 這個職業非常有趣。

順帶一提，有些父母親會問孩子：「你將來想成為什麼樣的人？」但其實我不太建議這麼問，因為孩子通常會回答很夢幻的工作。

父母親該問孩子的問題是：「你現在做什麼最開心？」這個問題可知道孩子喜歡什麼，孩子也比較容易找到有興趣的工作。

此外，孩子進入社會的時候，有可能會出現「前所未有的職業」，相對的，本來存在的職業也有可能消失。

這跟你選擇職業的情況是一樣的，你現在想做的職業，有可能十年後就會消失。

・理由 2. 一旦開始思考「想成為什麼樣的人」，就會畫地自限

另一個理由是，一旦思考「想成為什麼樣的人」就

容易自我設限。

例如「想成為搞笑藝人」，結果想到「那得在電視上亮相耶」，只看得到上電視、成為搞笑藝人這條路。如果覺得自己沒辦法在電視上大紅大紫，就會自動放棄這條路。而如果是一直在思考想做什麼的人，應該會把目標訂成**「想做讓別人大笑的工作！」**如果是這個目標，那就不一定得上電視，「做 YouTuber」或「畫搞笑漫畫」都不失為可行的選項。如果是如此看待「成為搞笑藝人」這條路，往往可以另闢蹊徑，另覓他路。

如此一來，就算一條路行不通，也能立刻轉換跑道，繼續挑戰。

我有位客戶 T 先生，他總是把「無論如何，我一定要成為演員」這句話掛在嘴邊。

他問我：「為了成為演員，這五年我都一直打工，騰出時間站上舞台表演，但完全賺不到錢。我是不是該放棄這個『我想做的事』呢？」

接下來的對話如下。

八　木：「T 先生『想做的事』到底是什麼呢？」

T 先生：「是當演員。」

八　木：「這是『想要成為的人』吧，成為演員之後，你想做什麼呢？」

T 先生：「嗯……我說不上來，不過我喜歡站在舞台上

表演，我希望感動台下的觀眾。」

八　木：「原來如此，所以只要能透過表演讓觀眾感動，不成為演員也沒關係囉？」

Ｔ先生：「的確是這樣耶，我一直以為我非得在演員這條路成功不可，但說不定不必真的去當演員。」

八　木：「既然『演員』這條路走了五年都行不通，那放棄也沒關係，但是請不要放棄『透過表演感動觀眾』這件事，讓我們一起尋找實現這件事的方法吧。」

在思考「想成為什麼樣的人」之際，很容易陷入「必須成為演員，站上舞台，賺到收入」的思維，只能看得到別人走過的路，一旦無法順利成為演員就會放棄。

反之，如果是想著「想做什麼事」的人，就會把目標放在「透過表演讓觀眾感動」，如此一來，即使沒站上舞台，也會想到「透過 YouTube 表演」這條路，或是「成為餐廳的駐場演員」。像這樣看待「成為演員」這個夢想，就能找到之前沒想到的路。

如此一來，就算一條路行不通，也能轉換跑道，繼續挑戰。

放棄想成為的人（職業）也無妨，否則只會在看不見未來的路上浪費時間與能量。

唯獨不要放棄「想做的事」，因為天無絕人之路。

··· *point* ···

別以「想成為的人（職業）」思考「想做的事」

公式②

「喜歡的事 × 擅長的事 × 重視的事＝真心想做的事」是什麼意思？

到目前為止，大家是否已經正確了解**「公式①喜歡的事 × 擅長的事＝想做的事」**了呢？

本書想告訴大家的是更上一階的「真心想做的事」。

「**公式②喜歡的事 × 擅長的事 × 重視的事＝真心想做的事**」

若是能將前述的「想做的事」當成工作來做，某種程度上，的確能投入這項工作，但這還不夠，感覺上就是只有兩隻腳的椅子，搖搖晃晃，只有在三隻腳皆備的情況下，這張椅子才能穩穩地站著。同理可證，工作也是要有三根柱子才能說是「真心想做的事」。

· 決定工作方式之際，最重要的是「重視的事」（價值觀）

重視的事
（價值觀）

我所提倡的「自我理解術」的最後一塊拼圖，就是「重視的事」，或許大家比較習慣「價值觀」這個稱呼。

在「公式①喜歡的事 × 擅長的事＝想做的事」說明的「想做的事」是指行動，但「重視的事」是指狀態。

舉例來說，「**想自由地生活**」「**想溫柔地對待別人**」「**想安心地活下去**」「**想安穩地生活**」「**想熱情擁抱某件事**」都是「重視的事」。

大家應該已經明白，上述這些例子都不是「行動」，而是指某種「狀態」，換成英文來說，就是 Doing 與 Being 的差異。

只有當「喜歡的事 × 擅長的事」加上適當的狀態，才能找到「真心想做的事」。

想做的事	價值觀
想了解自己，教人了解自己 想製作時尚的產品 想透過舞蹈與孩子們交流	想自由地生活 想做自己喜歡的事 想溫柔地對待別人 想安穩地生活 想熱情擁抱某件事
想做什麼事？	想怎麼生活？
Doing	Being

就算做的是「想做的事」，一旦不停加班，累得沒有半點屬於自己的時間，慢慢地，這種工作方式就不再適合你。會演變成如此，都是因為沒滿足「重視的事」這個條件。

　　明明想要更多屬於自己的時間，想更珍惜與家人的關係，卻不得不如此工作的話，是一種不幸。但是對於那些覺得「工作才是人生大事」的人而言，這種工作方式說不定才是最理想的狀態，這些人或許反而會覺得公私分明的環境很不舒服。

　　只有滿足「重視的事」這個條件，才能在做「想做的事」時，真心感到「這才是我想做的事」。

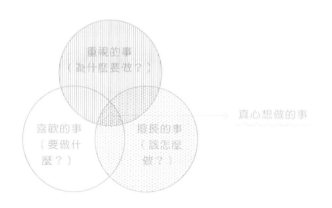

　　「為了什麼工作？」這個問題的標準答案就是「為了重視的事」。

　　「因為想自由地活著，所以工作」「因為想安心地

活著,所以工作」「因為想平穩地活著,所以工作」「因為想在生活裡找到值得投入的事,所以工作」,每個人的標準答案都不同,但是只要能打從心底對自己說「**這就是我的工作目的!**」那其實為什麼工作都無妨。

「工作目的」來自「重視的事(價值觀)」

「重視的事」分成對內面對自己,與對外面對「他人或社會」這兩種。前者是人生目的,後者則是工作目的。例如,我的人生目的與工作目的如下。

重視的事
(價值觀)

內 → 想過著追求夢想的生活(人生目的)

外 → 想讓更多人追求夢想(工作目的)

這裡提到的「工作目的」非常重要,因為能對別人有所貢獻,將會成為工作的一大動力。工作時,我最開心的是客戶告知「我找到『想做的事』了」的時候,那瞬間我也會覺得「能傳授自我理解術真的太棒了!」。

那麼該怎麼做才能找到這種工作，讓自己有機會「傳授真心喜歡的事」呢？

　　只要「重視的事（價值觀）」明確，自然而然就會找到。

　　舉例來說，我很重視「追求夢想」這件事，得以忘我地投入某件事是我最幸福、覺得最有價值的時間。我也希望身邊的人可以體驗這種美妙的經驗，所以才把工作目的定為「讓更多人追求夢想」。

　　正因為自己覺得有價值，才有辦法全力向別人推廣正在從事的工作。

　　跟我一樣認為「追求夢想」很棒的人，就會願意來聽我講解自我理解術。

　　往自己的內心尋找「重視的事」，就會找到自己的生存之道；若是往外尋找，就會找到工作目的。

　　要創造這種工作，請先釐清自己的「價值觀」。

···· point ····

　　想做的事＝要做什麼？
　　重視的事（價值觀）＝為了什麼而生的
　　　　　　　　　　　　　人生目的
　　工作目的＝希望讓周遭的人、社會變成
　　　　　　　什麼狀態？

「真心想做的事」的實例

　　「**為什麼要工作？**」面對這個問題，回答「為了我重視的事」即可。如果題目是「**要做什麼工作？**」可以是「做喜歡的事」這個回答，假設題目是「**該怎麼做好工作？**」答案可以是「做擅長的事」。

　　這三個揉和之後，決定工作方式的 What、How、Why 的三元素就齊備了。

What（要做什麼）× How（該怎麼做）× Why（為什麼要做）
＝ What × How × Why（要做什麼，該怎麼做，為什麼要做）

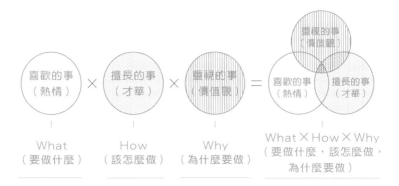

以我自己的工作為例

· What＝自我理解
· How＝有系統地傳授自我理解術
· Why＝想要追求夢想，想讓更多人追求夢想

所以得到以下這個結果：

· What × How × Why＝希望他人也追求夢想，所以要有系統地傳授自我理解術。

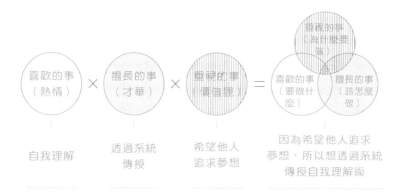

喜歡的事（熱情）× 擅長的事（才華）× 重視的事（價值觀）＝

自我理解　　透過系統傳授　　希望他人追求夢想

重視的事（為什麼要做）

喜歡的事（要做什麼）　擅長的事（該怎麼做）

因為希望他人追求夢想，所以想透過系統傳授自我理解術

還有下頁這些組合。

活出自己的生存之道

喜歡的事（熱情）	×	擅長的事（才華）	×	重視的事（價值觀）	=	重視的事（為什麼要做）喜歡的事（要做什麼）擅長的事（該怎麼做）
自我理解		透過系統傳授		希望他人追求夢想		因為希望他人追求夢想，所以想透過系統傳授自我理解術
自我理解		接近他人		希望他人更重視家人		透過自我理解術接近他人。因為希望他人更重視家人
體育		希望將所學的體育知識傳授給他人		希望他人體會成長的喜悅		希望將所學的體育知識傳授給他人，讓他人體驗成長的喜悅。

應該有不少人不知道該從何處開始尋找「想做的事」。

不過大家是不是稍微知道該怎麼開始了呢？只要找到前述的三個元素，再將這三個元素組合起來，是不是就感覺能找得到了呢？接下來要一步步帶著大家尋找「真心想做的事」，請大家放鬆心情，跟著一起做吧。

···· point ····

找齊三個元素，就能找到「真心想做的事」。

發現你的天職：三大步驟，讓你選系、就業、轉職或創業不再迷惘

在「找工作與跳槽的面試」
也無往不利

對找工作或跳槽感到迷惘的讀者，不妨先畫出以下這三個圓形，幫助自己走出迷霧。

社會上有無數間公司，所以讓我們先透過上述的三個濾網篩選，剩下的公司應該少之又少才對。只要掌握以下這三件事，就能在面試的時候無往不利。

· 喜歡的事 →為什麼是這個業界？
· 擅長的事 →該怎麼做，才能在這份工作拿出成績？
· 重視的事 →為什麼是這間公司？

如此一來，就能在面試的時候，胸有成竹地回答問題。

自我理解術規則①
「靠興趣活下去」是一種誤解

前面說明了「自我理解術的三大支柱」，接下來要說明執行自我理解術的三大規則。

或許是受到 YouTube 文案的影響，有許多人都希望「靠著興趣活下去」。

不過本書不會介紹「靠著興趣活下去」這種概念，因為「喜歡的事」充其量是實現工作目的的「手段」而已。

如果工作具備自我理解術的第一個元素，也就是「喜歡的事」，那當然很好，比起從事沒興趣的工作，有興趣的工作當然更好。

唯一要注意的是，目的不能是將「喜歡的事」變成工作。

「靠著『興趣』活下去」這句話有個很嚴重的語病，那就是想將「興趣」變成工作的人往往會忽略「工作的目的」，導致失敗收場。

讓我們以「餐廳」為例，探討一下這個問題。首先

是第一種模式。大家是否有過一走進餐廳就「莫名覺得不想待下去」的經驗？

　　這是因為這間店忽略了工作目的或工作目的不夠明確的緣故。舉例來說：

・希望客人變得「健康」嗎？
・希望將這間餐廳變成散播希望的場所嗎？
・希望讓客人有賓至如歸的安心感嗎？

　　上述這些都可以是餐廳的「工作目的」，對吧？要想實現這些「工作目的」，就只能透過「料理」這項手段。如果只為了滿足自己，「提供自己喜歡的料理」，那絕對無法達成上述的工作目的，因為上門光顧的客人除了「享受美食」，還希望得到「健康」「安心」「悠閒」這些附加價值。

　　若未釐清這類價值觀，就會變成「來者不拒」的餐廳，例如變成吸菸的商務客與帶著小孩光顧的夫妻同處一室的餐廳。

　　這麼一來，客人之間會互看不順眼，最終誰也不會再上門光顧。

　　現代已是餐廳多得任君挑選的時代，而「來者不拒」的餐廳並無法得到顧客青睞。

　　如果是自我滿足的工作，當然可以只憑「興趣」活

下去，但如果是為客人創造價值的工作，就很難只憑興趣做下去。

為客人創造多少價值，才能賺到多少錢，所以很難賺到較多的收入。

第二個模式是「喜歡的事」很難跟得上時代的變化。目前因為新冠病毒的問題，導致餐廳很難維持營業。

這時候餐廳該怎麼辦才好？

這時候不要再執著於餐廳，而是得回頭想想工作目的，問問自己「**到底為什麼開餐廳開到現在**」。

如果工作目的是讓客人覺得「安心」，就得想想自己到底能做什麼，如果是「散播希望」的話，也必須想想自己能做什麼。

說不定會想到有別於「餐廳」的另一條路，這對滿腦子只有「我喜歡的就是開餐廳」的人來說應該很困難。不知道下一步該怎麼走的人，最終只會走投無路。

我雖然喜歡「自我理解」這個領域，卻沒想過要持續一輩子做這件事，因為說不定有一天，「自我理解」的市場會消失。

到那個時候，我會重新思考「該怎麼做，才能讓人追求夢想」，再將下一件喜歡的事當成工作來做。

總之請大家記住，「喜歡的事」只是手段，不要太過於執著。

因此，先從「重視的事」找到「工作目的」，就是
自我理解術的規則。

自我理解術規則②
在尋找「喜歡的事」之前，
先找出「擅長的事」

　　「在尋找『想做的事情』時，先拿掉金錢或能力的
限制，想像自己什麼都辦得到的話，會想做什麼？」

　　那些教大家尋找「想做的事」的書，常常會出現「之
所以現在還找不到『想做的事』，是因為一直在想自己
能不能做得到」這類台詞。我也是在還不知道該做什麼
事的時候看到這句話，然後才開始思考「如果我什麼都
辦得到，我會想做什麼？」的問題。

　　只可惜，我什麼都想不到。雖然腦袋裡一直有什麼
要蹦出來的感覺，但總是會有「**可是沒錢……**」「**現在
才做，太慢了吧……**」這類干擾跳出來，讓我覺得自己
一定找不到想做的事。

如果能擺脫一切制約，的確能找到想做的事吧，但現實世界就是有百般限制。要是真能不受限制，早就找到「想做的事」，哪裡還會煩惱呢？

那麼無法擺脫干擾的我們到底該怎麼做？

說明規則①的時候已經提過，要找到「真心想做的事」，第一步就是先找到「重視的事」，接著是尋找「擅長的事」，才能擺脫「沒辦法讓興趣變成工作」的干擾。

這是我在多次傳授自我理解術之後得到的結論。重點是在「尋找喜歡的事」之前，一定要先找到「擅長的事」。

許多人之所以會煩惱，會「不知道自己想做什麼」通常都是因為搞錯上述的順序。

剛剛已經提過，找不到「想做的事」，最大的理由在於「**找到了，卻不一定能當成工作做**」，無法擺脫這類思考上的限制。

反過來說，如果有將任何事情轉換成工作，並且靠這份工作過活的自信，就能輕易找到「想做的事」。

要得到這份自信，先釐清自己「擅長的事」是非常重要的。

「擅長的事」就是「自己擅長的工作方式」，也是「在什麼狀況下都能發揮的長處」。

換言之，只要對「擅長的事」有自信，就能利用自己特有的方法將任何喜歡的事情變成工作，以及靠著這

份工作活下去。

只要擁有這樣的自信，就能拿掉思考上的限制，自然找到「想做的事」。所以我才說要找到「想做的事」，必須先找到「擅長的事」。

其實我在找到「真心想做的事」之前，曾徹底訓練自己「將腦袋裡的東西說給別人聽」這件事，這也是我的「擅長的事」。

對我來說，「雖然不知道這是不是我『想做的事』，但我確實擅長且做出成果」的事，就是寫部落格文章。

我本來就很善於寫文章，所以不用太努力也能創造成果。

一旦看到成果，就會擁有「那不就能把所有喜歡的事都變成工作了嗎」的自信。

一旦擁有這股自信就能找到喜歡的事，也就能將「想做的事」當成工作來做。

所以請你依照下列的順序找到「真心想做的事」。

1. 重視的事
2. 擅長的事
3. 喜歡的事

自我理解術規則③
不能思考「過於瑣碎的實踐手段」

　　執行自我理解術的時候，絕不能一開始就把「該怎麼實踐」這件事想得太複雜。

　　「要不要寫寫部落格」「要不要經營 YouTube」「要不要學寫程式」「要不要跳槽」「要不要自立門戶」「要不要創業」「要不要學英文」，這些事根本無關緊要，等找到「真心想做的事」再思考這些事就好。

　　這跟還沒決定旅行的目的地，就先想要搭飛機還是電車一樣可笑。

　　第一步是先決定目的地，也就是找到「真心想做的事」。該怎麼實踐則是後話。

　　就算遇到讓你覺得「這間公司簡直是為我量身打造」的公司，公司的員工、業績與事業內容還是會為了因應時代潮流而改變。

　　若是將原本只是一種實踐手段的「公司」當成工作方式的主軸，一旦公司發生任何變化，就會陷入「我到

底是為了什麼才工作到現在」的迷惘。

　　反之，若是根據自己的人生目的思考工作方式，就能在該公司不再適合作為實踐手段的時候斷然跳槽或自立門戶。

　　容我再次強調，公司不過是你達成人生目的的手段。如果在公司無法實現自己的理想，就應該換公司，也就是換個手段。

　　當旅行的目的地確定後，最佳的移動方式也會跟著自動確定。同理可證，「真心想做的事」一旦確定，「實踐的手段」也會跟著自動確定，所以不需要在一開始想怎麼實踐，更何況隨時可以換成其他的實踐手段。

　　讓我們先整理一下「公式②真心想做的事」吧。

··· **point** ···

規則③不用急著在一開始思考部落格、
　　　YouTube、創業、跳槽這些瑣碎的
　　　實踐手段

　　接著整理一下「尋找想做的事」的順序。

　　第一步是先找到「重視的事（價值觀）」，此時請
先決定「為了什麼工作」這個工作目的。

　　例如：我的工作目的就是「讓更多人追求夢想」。

　　想做的事是實現這個「工作目的」的手段，所以下
一步是找到想做的事，而在尋找想做的事情時，請先從
尋找「擅長的事」開始，如此一來才能獲得「只要運用
專長，什麼事都可以是工作」的自信。最後則是找出「喜
歡的事」。

		八木仁平	你
Chapter 4	工作目的	想讓更多人追求夢想	
Chapter 5	想做的事 擅長的事	系統性地傳授知識	
Chapter 6	喜歡的事	自我理解	
Chapter 7	擅長×喜歡	想系統性地傳授自我理解術	
Chapter 8	手段	講課、寫書、寫部落格	

　　以我而言，我的「專長」就是「系統性地傳授知識」，「喜歡的事」是「自我理解」，兩者相乘是「系統性地傳授自我理解術」，也就是「我想做的事」。

　　「為了讓更多人追求夢想而系統性地傳授自我理解術」就是我「真心想做的事」。

　　一旦真心想做的事情確定了，接著就是決定「實踐手段」。以我而言，就是「講課」「寫書」「拍攝YouTube 影片」「寫部落格」這些手段。

　　經過整理，可得出「為了讓更多人追求夢想，所以有系統地傳授自我理解術。實踐手段就是經營自我理解

教室」的結論。

　　你在讀完本書之後，也能像這樣整理出完整的脈絡，人生也將不再迷惘。

　　那麼事不宜遲，就讓我們從下一頁開始尋找「重視的事（價值觀）」吧。

4

找到指引人生方向的
羅盤──「重視的事」

如何尋找動機永不衰退的工作？

　　該怎麼做，才能讓動機永不減弱，醉心於自己的工作呢？

　　為大家介紹一個從我職場上的導師聽來的故事。在日文裡有個單字的意思與工作相同，那就是「商道」，我的導師告訴我，「商道」的本質就是「永不厭倦」（商道與永不厭倦的發音相同），不管從多少人身上賺到感謝與金錢，只要是不感興趣的事，遲早都會「厭倦」。若只做自己想做的事，完全不顧所謂的時代潮流，客人總有一天也會「厭倦」你做的事情。他告訴我，只有自己與客人都不「厭倦」，才是所謂的「商道」。

　　然而要符合商道，第一要件就是自己「永不厭倦」。只有做著自己不會生膩的事，以及思考要怎麼透過這件事取悅別人，這件事才能成為真正的工作。

　　有一位從事護理工作的客戶，他告訴我「雖然聽到患者的感謝很開心，但我已經覺得這件工作太辛苦，沒辦法再繼續撐下去了」。換言之，不管是多麼受人需要的工作，只要自己覺得痛苦，就無法長久做下去。

　　如果是「想做的事」，不僅自己能樂在其中，也能讓別人開心。越是想對別人做出貢獻的人，越需要找到自己「想做的事」。

反之，就算是自己「樂在其中」的工作，只要不被客戶需要，就不可能長期做下去，因為這已不是工作，只是某種「興趣」。基本上，興趣都是要花錢的，所以必須另謀生路，找到能賺錢的工作。

　　雖然有些人認為「只要能持續做『想做的事』，這件事就能變成工作！」但其實這是大錯特錯。如果不先預設是為誰而做，不管持續做多久，終究只是自我滿足。只有自己與別人都「不覺得膩」的事情，才能成為好工作。

　　那該怎麼做才能找到這樣的工作呢？

　　此時最重要的就是「重視的事（價值觀）」。「我想這樣生活！」的人生目的與「我想給別人這種影響！」的工作目的若能連成一條線，你就能全心全意投入這項工作。換言之，一切的核心就是「重視的事（價值觀）」。

　　以我為例，我所「重視的事」就是「由衷盼望自己能一輩子追求夢想，並且讓更多人追求夢想」。

　　為了讓更多人了解這種「追求夢想」的喜悅，我才會從事這項帶領別人找到夢想的工作。

　　換言之，只有根據「重視的事（價值觀）」尋找工作，才能找到「充實而不倦勤的工作」，也才能進一步找到「讓客人滿意又不生厭的工作」。

- point

根據價值觀尋找工作，動機將永不衰退

「目標」不等於「價值觀」

很容易與「重視的事（價值觀）」混為一談的是「目標」。

若問兩者有什麼差異，簡單來說，「重視的事（價值觀）」是「必須不斷追尋的人生方向」，而目標則是「在追尋人生方向之際的檢查點」，換言之，目標是為確認自己前進了多少而存在。

價值觀則是指出「方向」的指標，而目標是決定自己前進多少「距離」的指標。

・價值觀＝方向
・目標＝距離

如果漫無目的地奔跑，只會像困在滾輪裡的黃金鼠原地打轉。

曾有位客戶告訴我「達成目標時，有種燃燒殆盡的感覺」，之所以會覺得燃燒殆盡，是因為建立目標的時候，沒有顧及最重要的價值觀，因此達成目標也不會覺得幸福，更找不到下個目標。

其實我也曾立下「每個月要努力賺一百萬」的目標。

這個目標最後是順利達成了，但如前所述，燃燒殆盡的我已全然失去動力，整個人陷入憂鬱。請教身邊

的經營者之後，他們告訴我「八木啊，你就是目標訂得太低才會這樣，你要訂每個月賺一千萬這種遠大的目標啊」。

當時的我信以為真，真的訂下**「每個月要賺一千萬」**的目標，但我完全沒有動力執行。

這是當然的，因為我想要的不是「錢」，而是伴隨著金錢而來的其他東西。

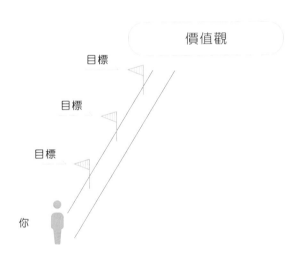

自此，我設定目標的方法為之一變，變成先決定價值觀，再為了符合該價值觀而訂立必要的目標。例如我的價值觀是「我想不斷追求夢想，也希望讓更多人追求夢想」。

所以我需要能一邊學習自我理解術，一邊足以生活

的金錢。算下來，每個月大概有五十萬圓就能想怎麼學就怎麼學，不需要理會其他的事，至於賺更多的錢就不是我的目標，我也對這個目標沒什麼興趣。

　　我現在的目標是讓更多人接受自我理解課程，讓這些接受課程的人得到改變。

　　來聽課的學員增加，我的收入當然也會增加，但充其量這些收入只是「我用來衡量自己為多少人帶來影響的數字」而已。

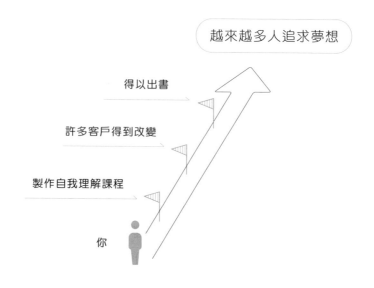

你對現在的目標很有衝勁嗎？

如果沒什麼動力，那是因為你的目標與價值觀的方向不一致，也等於是將旗子插在錯誤的終點。

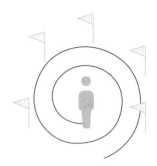

不先了解自己的價值觀就訂立目標，只會陷入迷惘

價值觀

如果你真的對目標有所憧憬，就不會缺乏動力。

如果你正煩惱著該怎麼提升動力的話，恐怕你已經走上岔路了。

此時你該學的不是如何提升動力，而是要先找出人生的目的，再訂立自然而然就有動力想完成的目標。

```
···· point ················································
     價值觀是人生恆定的方向
     目標只是途中的檢查點
···················································
```

分辨「真價值觀」與「假價值觀」的方法

　　在尋找價值觀的時候，有一件事很重要，那就是所謂的價值觀沒有正確解答。

　　就算別人對你的價值觀缺乏共鳴也沒關係，只要你自己覺得「我就是想這樣活下去！」就是很棒的價值觀。

　　請不要把「應該這樣活下去」的假價值觀與自己的價值觀混為一談。

　　因為這種假價值觀是從父母親、社會這類外在世界潛移默化而來的價值觀，也是屬於他人的價值觀，如果你沒找到屬於自己的價值觀，不知不覺就會隨波逐流，只為了別人的期待而活。

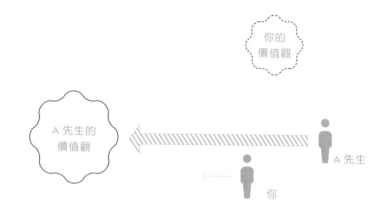

我有位客戶就陷在這種假價值觀的陷阱裡。這位客戶從小就被父母親灌輸「不進則退」的概念，換言之，也就是「成長」這種概念，這讓他在找工作的時候，只以「什麼工作能讓自己成長」為標準，就算工作很辛苦，他也會咬著牙撐下去。

　　但是當我問他：「你想成長嗎？」他卻回答：「我覺得不繼續成長不行。」看來「不繼續成長不行」「應該繼續成長」只是父母親灌輸的假價值觀，不是他由衷認同的觀念。

　　「那你能追尋一輩子的人生目的是什麼？」當他思考這個問題之後，找到了「發現」這個價值觀。他發現如果每天能「吸收不一樣的事物（發現）」，是他最開心的狀態。

　　找到自己的價值觀之後，請確認一下，這個價值觀有沒有摻雜假價值觀。

　　請每次問自己「想做這個嗎？」「該做這個嗎？」。

　　假設答案都是「應該做」「非得做」，那恐怕這些都只是別人對你的期待，不是你心底渴望的事，就算追尋這些夢想，最終也只會後悔而已。

····· point ·····

「想做～」才是真價值觀
「該做～」是被父母親、社會灌輸的假價值觀

找出真價值觀的五個步驟

讓我們一起尋找會讓你覺得「我應該可以為了這件事活下去！」的價值觀吧。

步驟總共有五個：

1. 回答問題，列出價值觀的關鍵字
2. 將價值觀整理成心智圖
3. 將他人重心的價值觀轉換成自我重心
4. 建立價值觀排行榜
5. 決定工作目的

只要依序執行上述的五個步驟，就能順利找到真價值觀。大家可先繼續往後讀，了解整個流程再實踐。請透過這五個步驟讓打從心底認同的五個價值觀化為白紙黑字，接著再為這五個價值觀建立排行榜。這個價值觀排行榜將成為你一輩子的人生方針。

以我為例，我可以充滿自信地說，我現在的生活完全符合下列的價值觀：

1. 美學：活出人生的美麗

2. 夢想：熱中於想做的事

3. 結果：我希望達成目標，也希望與別人共享成果

4. 好奇心：聽從內心的聲音，跟著興趣行動

5. 單純：希望能少點迷惘，內心清明地活下去

　　凡是被問到「你的人生目的為何？」我都能立刻回答「活出人生的美麗」。若被問到「你的工作目的為何？」我也能立刻回答「希望讓更多人追尋夢想」。

　　希望你也能像這樣目標清楚地活下去，就是這個價值觀練習的目的。

···· point ····································

透過五個步驟建立價值觀排行榜

無法妥當回答問題時的
兩種應對方式

有時候會遇到無法妥善回答問題的情況。

我最常被問到的是「我之所以無法回答問題，應該是我很不懂得與自己相處吧？」

其實沒有這回事，會這樣問的人只是還沒找到適合自己的思考方式。

讓我為大家介紹兩種面對這種情況的方法，我在想不通的時候也很常使用這兩種方法。

一種是「自由書寫」（Journaling），另一種則是「提問對話法」，請大家從中選擇適合自己的方法。

・鼓舞自己，讓自己湧現動力
──「自由書寫」

先從「自由書寫」開始說明。請先準備一張白紙，接著把想回答的問題寫在白紙最上面的位置。接著將計時器設定為三分鐘，然後不管想到什麼答案都直接寫在紙上。

這個方法的唯一規則就是「手不能停下來」。如果什麼都想不到，就寫下「什麼都想不到，怎麼辦」。

比起用腦袋思考，這個方法的重點在於不斷地動手寫，只要不斷動手，就有可能引發思考，在紙上寫下意料之外的答案。

一般的筆記是用大腦書寫，而自由書寫則是用身體書寫。

· 用大腦書寫＝一般的筆記
· 用身體書寫＝自由書寫

已有研究證明，自由書寫能讓我們了解自己的心情。

某項研究顯示，一般的失業者會有 27% 找到新工作，但是讓失業者以自由書寫的方式寫下五天內的心情，找到新工作的機率就能上升至 68%，換言之，自由書寫能幫助我們徹底了解自己的心情。

自由書寫是在回答自我理解問題之際，非常實用的工具，所以不知道該怎麼回答問題時，請務必使用看看。

· 透過說話了解自己
 ──「提問對話法」

另一個方法是「提問對話法」。顧名思義，就是透過提問開啟話匣子，再從過程了解自己的方法。

人大致可分成兩大種，一種是慢慢想，然後越想越

深入的人，另一種則是在會話的過程中，讓自己想得更深入。這裡介紹的提問對話法很適合後者使用。

實踐這個方法的第一步，就是請朋友或家人讀一讀你想回答的問題，例如「喜歡的名人、周遭親友、漫畫角色有誰？喜歡這些人的哪些地方？」接著以聊天的方式聊一聊這個主題。

在對話過程中，應該會發現自己的想法越來越有條理。

提問對話法的優點之一就是「能讓別人客觀地檢視你的想法」。

一個人思考，很容易得出「這是理所當然的吧，而且大家都是這樣想」的答案，但找出自己覺得理所當然的事正是自我理解的目的。所謂的自我理解不是要找出那些「好像很理所當然的事」，而是要找出「自己覺得理所當然，但對別人很特別的事」，這是非常重要的自我檢視。

提問對話法可讓我們自然而然地檢視自我，建議大家與朋友一同討論本書提出的問題，進一步加深對自己的理解，因為一定可以發現一些自己一個人無法察覺的新發現。請務必與朋友或家人一起實踐這種自我理解術。

接著讓我們從了解價值觀的步驟開始練習吧。

找出回答五個問題的
「價值觀關鍵字」

接著為大家介紹五個找出價值觀的精選題目與示範解答，請先試著回答這五個問題。

尋找價值觀關鍵字的時候，也可以參考本書特輯的「重視的事（價值觀）」的「100 個範例清單」。

Q1 尊敬的人、朋友、喜歡的角色有誰？尊敬這些人什麼地方？

問自己尊敬的人是誰時，若只是將注意力放在那個人「做的事情」上，是沒什麼意義的，因為那個人「想做的事」與你「想做的事」是不一樣的。就算想模仿那個人，也只會陷入在 Chapter 3 提到的狀態，也就是「想成為什麼樣的人」的陷阱，求之而不可得，因此要改以「價值觀」這個角度觀察你尊敬的人。

如果能讓你產生「我想這樣活下去！」的雀躍感，那個人就是值得你尊敬的人，即使對方是公司的上司或朋友都沒問題。

找到值得自己尊敬的人之後，請接著思考「對方有

什麼魅力」。

　　以我為例，我非常尊敬漫畫《BLUE GIANT》（石塚真一著）的主角「宮本大」。

　　因為「他總是在追尋偉大的目標」。

　　宮本大立下了成為世界第一薩克斯風吹奏者這個目標後，每天不斷地練習與學習所有他需要知道的事情，這讓我非常感動。我曾想過「為什麼我會覺得宮本大這麼帥呢？」這個問題，後來才發現，原來是因為「他不斷地追尋內心湧現的夢想」。

　　這讓我重新看待「追尋夢想」這個價值觀。

　　你尊敬的人就是你的價值觀的化身。如果你尊敬的人有很多位，請思考你分別尊敬他們什麼部分，如果能找到這些人共通的價值觀，對你來說，那肯定也是非常重要的價值觀。

Q2 在小時候或青春期，影響你最深的事情或經驗是什麼？這些事情或經驗對你的價值觀帶來哪些影響？

　　價值觀通常源自幼年的經驗。是哪些經驗形塑了你現在的想法呢？

　　以我而言，遇見小學二年級的級任老師是影響我最深的經驗。她與我想像的老師完全不同，也對我造成莫大衝擊。

頂著一頭大波浪長髮的她，雙手總是戴著琳瑯滿目的配件，也總是穿著「Damage Skinny」的牛仔褲。說話的口吻很強勢，生起氣來超可怕的。

　　但她卻是很照顧班上每一位同學的老師。若問我受到這位老師什麼影響，那就是不受常識束縛，順從自己的「美學」這件事，就是判斷的標準只存在於自己的心中。如果受限於學校的規則，她應該無法穿成那樣吧。

　　我從她身上深深地感受到「這樣好酷，我想像她一樣活下去」。這個經驗讓我學到順從「自我美學」而活的價值觀。

　　與其說是學到，不如說是受老師啓發，心中某處的種子發芽了。

　　你有沒有哪些幼年經驗仍讓你印象深刻？

　　這些與你的價值觀息息相關的經驗，通常伴隨著強烈的情緒，所以很難忘得掉。請思考有哪些經驗會讓你突然想起來？你又從這些經驗學到哪些價值觀呢？

Q3 你覺得現在的社會有什麼不盡理想之處呢？

　　你對整個社會有什麼不滿嗎？

　　如果會覺得不滿，那代表你心中隱約有個理想的社會形象。明明有所謂的理想，卻無法完全實現，所以才會感到不滿。

弭平理想與現實的落差，就是你「想做的事」。以我而言，我會有「為什麼大家都這麼心不甘情不願地工作呢？」的疑問。

我每天都會有「明明只要進一步面對自己『真心想做的事』，就能讓這件事變成工作」的不滿。

這意味著我對社會的不滿就是「無法追求夢想」這件事，我強烈地希望能有更多人看重自己的人生，所以才將這件事當成工作來做。出乎意料的是，你的不滿與別人的不滿往往天差地別。

比方說，我的客戶告訴我他有下列這些不滿：

· 靈活度
· 體貼
· 擁有多餘的時間
· 對健康的重視
· 面對自己的時間

從這些不滿可了解你自己的價值觀，也能找到工作目的。你覺得現在的社會有哪些令人不盡滿意之處呢？

Q4 請問問身邊的人：「你覺得我會一輩子重視哪些事情？」最好能聽到具體的事例。

其實價值觀早已充斥在生活的每個角落,所以就算你自己沒有察覺,身邊的人有可能早已察覺。大家要看自己的臉時,就會去照鏡子吧?同理可證,想了解自己的價值觀,請讓身邊的人成為那面鏡子,請務必問問身邊的人:「你的價值觀是什麼?」一定會有驚人的發現,例如我曾如此問過老婆跟同事。

── 老婆的回答「單純」──

「不管是工作方式、思考方式、生存方式,你都很在意所謂的單純。若問為什麼重視單純,是因為你了解人的能力有限,不想做那些多餘的事,所以很想讓自己的生活保持單純,即使是與人相處,你也只與必要的人打交道,買東西的時候,你也不買那些買了還得花心思了解與操作的商品吧。」

── 同事井上先生的回答「探索」──

「我覺得你很在意自己是否徹底探索某件事。自我理解當然就是探索何為人生吧,所以你才選擇能讓自己全心投入的事,也追尋所謂的本質與真理,然後得出結論吧。」

聽了這些意見之後,我找到一個共通點,那就是我似乎透過「化繁為簡」這件事找到「讓自己徹底探索真

心想做的事」的價值觀。透過這些回饋，我更了解自己
擁有哪些價值觀。

　　所以請大家務必問問周遭親友這個問題。如果他們
願意回答，也建議你告訴他們，他們有哪些價值觀，藉
此作為回禮，或許他們也能成為你在自我理解這條路上
的同伴。

Q5「養育孩子或對別人提供建議時，最想告訴對方的是什麼行動？最不想告訴對方的又是什麼行動？」

　　在思考工作目的背後的價值觀之際，我很建議大家
提出上述這個問題。你想告訴孩子或別人的事，往往就
是你想帶給別人的影響，最終也與「工作目的」有關。

　　請試著將想告訴別人的事情一條條列出來，接著
思考藏在這些事裡的價值觀關鍵字，那就會是你的價值
觀。

- 希望能有不依賴任何組織的收入
  → 自立
- 每天運動，讓自己擁有能一直快樂活下去的身體
  比較好唷→ 夢想
- 一直做討厭的工作會漸漸失去自信，所以從有興
  趣的事情開始比較好唷→ 真心話

· 徹底減少擁有的物品與人際關係，只重視真正重
要的人事物 → (單純)

也試著列出不想告訴對方的部分，最好是「連想像
都不願想像自己會說」的那些事。

· 現在的景氣不好，能找到穩定的工作比較好喔
→ (穩定／反面是挑戰)
· 因為是工作，所以要忍耐。俗話說，一年得其要
領，三年必有所成，試著再努力一下吧
→ (忍耐／反面是「好奇心」)
· 這個挑戰很危險，放棄比較好吧？
→ (維持現狀／反面是「成長」)

我光是想像自己說這些話就覺得毛骨悚然。上述這
幾句話都能幫助我們找到價值觀以及相反的價值觀。
你想告訴對方的行動是什麼？
相反的，你絕對不想告訴對方的行動是什麼？
思考這個問題，能讓你找到對身邊的人造成影響的
「工作目的」。

製作「價值觀心智圖」整理思緒

回答問題之後，應該會找到一些屬於自己的價值觀關鍵字。接著就要將相似的價值觀關鍵字整理成群組。

如果價值觀關鍵字少於 15 個，建議回到本書最後特輯的問題，追加幾個價值觀關鍵字。因為價值觀關鍵字越多，越容易在整理的時候釐清自己的價值觀。

列出價值觀關鍵字之後，應該會出現許多類似的關鍵字，此時若不加以整理，應該看不出該重視哪個關鍵字，所以這個步驟的目的就是要整理這些價值觀關鍵字。

我比較建議的整理方法是心智圖。如果打算以手繪的方式進行，建議使用便條紙，當然也可以使用應用程式繪製。

第一步先寫出所有的價值觀關鍵字，接著將你自己覺得意思相近的關鍵字整理成同一個分類，可以的話，整理出四到六個分類。

分類整理完畢後，接著思考能代表該分類的價值觀關鍵字。如果已經找到許多類似的關鍵字，應該能從中找出「就是這個沒錯」的價值觀。

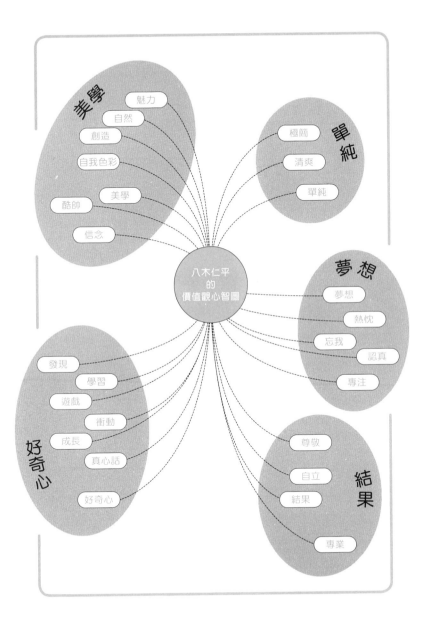

八木仁平
的
價值觀心智圖

美學
　魅力
　自然
創造
自我色彩
　　美學
酷帥
信念

單純
極簡
清爽
單純

夢想
夢想
熱忱
忘我
認真
專注

好奇心
發現
學習
遊戲
衝動
成長
真心話
好奇心

結果
尊敬
自立
結果
專業

舉例來說，我將「極簡、清爽、單純」整理成「單純」這個關鍵字。一口氣寫出一大塊關鍵字，再分類這些關鍵字，可幫你建立位於內心深處，最真實的價值觀排行榜。

－練習 STEP3 －

將「他人重心」的價值觀轉換成「自我重心」的價值觀

　　前面提過，價值觀沒有正確答案，卻有一個注意事項，那就是別將自己無法控制的事當成價值觀。

　　例如「受人尊敬」這種價值觀就是其中之一。能否受人尊敬是無法透過自己的行動左右的，你當然可以為了得到尊敬而採取行動，但是否能贏得對方的尊敬，全看對方怎麼想。

　　其他像是「想賺大錢，享受榮華富貴」的價值觀也一樣，付錢的是客人，你當然沒辦法控制客人付錢給你，這與想要控制天氣，在心中默唸「為什麼今天下雨啊！

給我放晴！快放晴！」的情況是一樣的。

如果追尋這種價值觀，最終只會陷入不幸。

有份研究以羅徹斯特大學的畢業生為對象，調查「訂立目標的方法」與「訂立目標之後，對人生的滿足感」之間的關聯性。

當時將訂立目標的方法分成兩種模式。

一組是「幫助別人提升人生，從中獲得自我成長」的學生，他們的目標屬於**「目的導向型」**。

另一組是「想成為有錢人」或「想成為名人」的學生，他們的目標則是**「利益導向型」**。

過了一兩年再度觀察學生的現況後，發現目的導向型的學生雖然還在達成目標的路上努力，卻很滿足自己的人生，也主觀地認為自己過得很幸福，幾乎沒有任何的不安與沮喪。

反觀利益導向型的學生雖然真的成為有錢人，也得到他人的尊敬，對人生的滿足感、自尊心、正面的情緒卻不比學生時代的自己來得強烈，反而不安與沮喪的負面情緒更為高漲。

這項研究告訴我們「就算達成利益導向型的目標也無法獲得幸福，而且通常會變得不幸」。

- 目的導向型的目標

  「幫助他人提升人生，從中獲得自我成長」→幸福度 ⇧

- 利益導向型的目標

  「想成為有錢人」「想成為名人」→不安、沮喪 ⇧

當我知道這個研究之後，我便完全理解為什麼不管我過去賺多少錢，都不覺得幸福的原因。

不過你跟我一樣，都有「想賺大錢」「想受人尊敬」這類欲望吧。我覺得完全不需要否定這些欲望，只要不將這些欲望當成人生目的，而是當成一個動力就好。

具體來說，就是問自己「**賺大錢之後要做什麼？」也就是找到賺到錢之後的目標。**

舉例來說，我也曾有「變成名人」的價值觀，而當我思考賺到錢之後的目標是什麼，就找到「好奇心」這個價值觀。

- 為什麼想變成名人？→想被人吹捧
- 為什麼想被人吹捧？

  →想確認自己的存在意義
- 確認了存在意義之後，想做什麼事？

  →想不顧他人眼光，順從好奇心而活
- 那麼不成為名人就做不得到這點嗎？→做得到

能否變成名人是我們無法控制的，所以屬於他人重心的價值觀，但順從好奇心而活則是我們可以控制的，所以屬於自我重心的價值觀，不過我不是叫大家放棄成為有錢人或名人。

我想說的是，希望大家別忽略在那之後的目的。

其實越是追求自我重心的價值觀，他人重心的價值觀越有機會實現。

我順從「好奇心」，不斷地學習與發布有意義的內容，結果知名度便自然而然增加，也慢慢地實現了「變成名人」這個屬於他人重心的價值觀。

如果錯把「變成名人」當成目的，我應該只會做那些會增加知名度的事。結果就無法聽從好奇心找到喜歡的事情，也應該無法將自己的方法寫成一本書，有系統地介紹這些方法才對。換言之，追尋自我重心的價值觀，自然而然就能實踐他人重心的價值觀。

你在回答那些尋找價值觀的問題時，是否也將那些你無法控制的事情當成自己的價值觀呢？

這時候你應該問自己：**「那些價值觀的目的是什麼？」「達到那些願望之後，要做什麼？」**思考在那些事情之後的目標。

接著再為大家舉出兩個例子。

例①：「有錢人」⇨「保持現狀」

▷ 想成為有錢人

▷ 為什麼想成為有錢人？→想受人尊敬

▷ 受人尊敬之後要做什麼？

　　→想被人重視，想受人禮遇

▷ 為什麼想被人重視與禮遇？→希望能活出自我

▷ 不成為有錢人就無法活出自我？→可以活出自我

例②：「有錢人」⇨「學習」

▷ 想成為有錢人

▷ 為什麼想成為有錢人？→想學會開直升機

▷ 為什麼想學會開直升機？

　　→因為學習新事物很有趣

▷ 不成為有錢人就無法學習新事物？

　　→可以學習新事物

一旦將他人重心的價值觀當成目標，那麼不管過了多久都無法得到真正的滿足。請透過上述的步驟找出更進一步的「自我重心」的價值觀。

···· *point* ····

將無法控制的他人重心的價值觀換成
能控制的自我重心的價值觀

建立「價值觀排行榜」，
決定價值觀的順位

　　接著是替價值觀排行。「每一種價值觀都很重要，怎麼可能排出順位啊……」我知道大家想說什麼，但只要替這些價值觀排出優先順位，就一定能讓人生少點迷惘，所以請大家務必試排看看。

　　排出優先順位的祕訣在於思考「哪個是最終目的？」的問題。

　　舉例來說，我替五個價值觀排出了下列的優先順位。

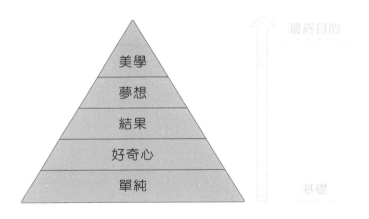

C h a p t e r ④ 找到指引人生方向的羅盤──「重視的事」

　　若問我為什麼會是這個順序，是因為最底下是最該先建立的「基礎」，也就是所謂的價值觀，接著越往上

排，越能看得出是「最終目的」。

　　舉例來說，我雖然很喜歡「單純」的狀態，但保持單純不是我的人生目的，我的最終目的是「順應美學，活出人生的美麗」。

　　此外，所有的價值觀都具有下列關聯性。

1. 美學：活出人生的美麗
   ↑熱中於某事是人類最美的姿態
2. 夢想：熱中於想做的事
   ↑決定要有所成就後，便可以全心投入
3. 結果：我希望達成目標，也希望與別人共享成果
   ↑只要是喜歡的事，就能全力以赴，創造結果
4. 好奇心：聽從內心的聲音，跟著興趣行動
   ↑沒有任何迷惘，就能順應好奇心
5. 單純：希望能少點迷惘，內心清明地活下去

　　比方說，聽從好奇心，將興奮當成動力就能找到「夢想」。如果是不感興趣的事，就很難全心投入。

　　此外，我覺得全心投入興趣，追求「夢想」的人「很美麗」。

　　因此，我的人生終極目的就是「活出人生的美麗」，這就是我的「美學」。

　　請試著根據上述思維排出價值觀的優先順序。若能

建立這個價值觀排行榜，就能一眼看出你現在缺少哪部分的價值觀。

如此一來，「接下來該往哪裡走？」的迷惘就會大幅減少，這也是讓自己擺脫心中煩悶，讓自己活得更暢快的必要步驟。

─ 練習 STEP5 ─

「工作目的」一旦決定，
工作自然順利

建立價值觀排行榜之後，接著要思考「工作目的」。必須先自己找到價值觀，讓自己忠於價值觀而活，讓自己得到滿足，這是非常重要的。

比方說，假設擁有的是「安心」這個價值觀，那就每天努力讓自己感到安心吧。當你內心充滿了平安，「安心」這個價值觀便會向外擴散。

一如水從杯子裡滿出來，再往周遭漫延的景象。

請試著從自己的價值觀清單選出希望感染其他人的價值觀，因為只要不是自己真的覺得重要的價值觀，就不會認真地實現。

以我而言，我將五個價值觀之一的「夢想」設定為工作目的。

先一步找到的「想做的事」，是實現工作目的的手段。我「想做的事」是傳授「自我理解術」，傳遞夢想則是工作目的。我喜歡的是「自我理解」，所以要告訴別人「自我理解」有多美好，但只要能讓別人追尋夢想，什麼方法都可以採用。

我想客戶也希望得到「價值」。如果是我的客戶，想要的不會是「自我理解的知識」而是學完這些知識之後所得的「夢想」。

舉例來說，RIZAP 是一家透過運動與飲食，讓客戶「減重」的公司，其會員數超過十萬人，而 RIZAP 集團的董事迎先生曾經提到「RIZAP 不只是一間讓別人瘦下來的減重中心，我們的價值在於讓客戶的人生在 RIZAP

改變，變得更閃閃動人與自信，也覺得自己很幸福。提供這樣的價值才是我們的工作」。

聽起來，RIZAP 的工作目的是讓客戶在「減重」之後，「變得更有自信，活出閃亮人生」。這番話也讓人明白，RIZAP 的工作方式是根據「工作目的」設計的。

怎麼做才能決定工作目的呢？

最有效的方法就是先回顧一下，之前是否有過提供價值的經驗。

人類就是會不知不覺對周遭的世界產生影響，至於產生什麼影響則是每個人都不一樣，但你也一定有過相同的經驗。

只要回顧這類經驗，就能回想起「自己有意無意地對周遭親友造成的影響」，這將會是你的「工作目的」。

具體來說，請先想出十個類似的經驗，因為如果經驗只有一個，很有可能會做出錯誤的結論，所以回想十個是很重要的。此外，這些經驗不一定得是「成功提供價值」這種等級，可以只是「想提供價值，但沒成功」這種等級，因為只要有心想提供價值，提供價值的「技能與知識」可以日後再學。

我的經驗如下：

想提供價值的經驗	
1	國高中時代，全力為羽球社的隊員加油，希望隊員能發揮全力
2	透過部落格傳遞「做喜歡的事吧」這個概念
3	職場的後輩來找我商量，我告訴他今後該做的事，讓他找到方向
4	小學時，在塗鴉簿畫遊戲，然後邀朋友一起玩
5	為了羽球社的活動想了新遊戲，讓練習變得更有趣
6	從補習班畢業後，告訴學弟妹怎麼戰勝考試
7	在職場做出成績後，想利用這些成績告訴大家「你也能做得到！」
8	如果遇到懷才不遇的人，想告訴他「你可以試著往這個方向發展」，助他一臂之力
9	在羽球社的練習加入讀書學到的新內容
10	跟身邊的人介紹能節省時間的洗衣烘衣機

找出這些經驗之後，接著思考「你想提供哪類價值呢？」

這時候應該會想到很多關鍵字，可將數量最多的關鍵字當成你的「工作目的」。

因為這是你在過去的人生自然而然提供的價值，所以當然能設定為「工作目的」。

	想提供價值的經驗	想提供的價值
1	國高中時代，全力為羽球社的隊員加油，希望隊員能發揮全力	認真、投入
2	透過部落格傳遞「做喜歡的事吧」這個概念	追逐夢想
3	職場的後輩來找我商量，我告訴他今後該做的事，讓他找到方向	單純、追逐夢想
4	小學時，在塗鴉簿畫遊戲，然後邀朋友一起玩	好奇心、追逐夢想
5	為了羽球社的活動想了新遊戲，讓練習變得更有趣	好奇心、追逐夢想
6	從補習班畢業後，告訴學弟妹怎麼戰勝考試	結果、追逐夢想
7	在職場做出成績後，想利用這些成績告訴大家「你也能做得到！」	自信、追逐夢想
8	如果遇到懷才不遇的人，想告訴他「你可以試著往這個方向發展」，助他一臂之力	單純、追逐夢想
9	在羽球社的練習加入讀書學到的新內容	好奇心
10	跟身邊的人介紹能節省時間的洗衣烘衣機	單純、好奇心、追逐夢想

當工作目的決定，你就能從眾多想做的事情之中，挑出你「真心想做的事」。

舉例來說，我其實也很喜歡「桌遊」與「時尚服飾」這類興趣，但我覺得要達成「讓更多人追求夢想」這個目的，最適合採用自我理解術，所以我才決定傳授自我理解術。每次收到「遇到自我理解課程，讓我的人生大幅轉變，真的是太感謝」的客戶來信，我都會覺得「選

了自我理解術真的太好了」。

　　即使你之後找到很多「想做的事」，也決定了「提供價值」的工作目的，就能找到「真心想做的事」。

　　順帶一提，**「讓人綻放笑容」「讓人幸福」這類事情不能當成工作目的**，因為沒有讓人變成苦瓜臉的工作，要是真把這類事情定為「工作目的」，恐怕會不知道該怎麼從一堆想做的事之中找出工作目的。

　　這時請試著思考「人什麼時候會綻放笑容？」或是「人什麼時候會覺得幸福」，有可能是「覺得安心的時候會笑」或是「興奮的時候會笑」，你就能從這些情況找到你的價值觀。

　　如果覺得上述的過程還沒辦法幫你找到明確的工作目的，請試著回答本書特輯的問題。你已經確定工作目的了嗎？如果已經確定，接下來就讓我們一起尋找「想做的事」，一起實現工作目的吧！

> ····· *point* ·····
>
> 從價值觀排行榜找出工作目的

只要找到「擅長的事」，
就能將這件事當成工作

「專長」的定義是？

先前提過，「想做的事」是「喜歡的事」與「擅長的事」的總和，所以要找到「想做的事」，就先找到「擅長的事」吧。前面也有提過，沒辦法找到「喜歡的事」，最大的原因是因為「就算找到了，也沒有將興趣轉換成工作的自信」，這也是一種枷鎖，一堵擋住去路的高牆，只有知道自己「擅長的事」才得以突破。

讓我們重新定義何謂「擅長的事」吧。

擅長的事＝能創造成果的潛意識、情緒與行為模式

這就是「擅長的事」的定義，但單憑這句話應該看不太懂什麼意思吧。

簡單來說，「習性」就是所謂的「擅長的事」。這裡指的不是體育或音樂那類發光發熱的才華，而是你在潛意識自然而然會做的事。

· 隨時都在觀察人類
· 總是一有想法就採取行動
· 總是體貼別人
· 總是琢磨獲勝之道

・總是在想怎麼讓別人綻放笑容

這類心思與習性就是所謂的「擅長的事」。重點就是「擅長的事」是你「潛意識」做的事，因為是潛意識，所以很難察覺。

讓我們動手做個練習吧。

・請先想像一張紙，然後動手寫下自己的名字

寫好了嗎？請問你是用哪隻手寫的？

99% 的人會回答慣用手吧，這時「用慣用手」寫名字就是屬於「潛意識」的行動。

不做「擅長的事」，就像不依賴慣用手生活一樣。放棄使用慣用手的人不管怎麼努力，也無法與使用慣用手的人一較高下。

但是使用慣用手早已是反射性動作，所以很少人會刻意提醒自己「我現在用了慣用手喔」，所以才要花時間回顧自己的一舉一動，找出那些在不知不覺下做的「擅長的事」。

> ⋯⋯ *point* ⋯⋯
>
> 擅長的事（才華）＝未察覺的習性
> 所以必須花時間回顧才能察覺

從「為了改變自己而努力」轉型成「為了發揮才華而努力」

如果你現在覺得「我渾身上下只有缺點」，那反而是絕佳的機會。

「擅長的事（才華）」就只是所謂的「習性」，所以也沒有所謂的好壞，只有當你以不同的角度看待這個「習性」，這個習性才有所謂的好壞。

以「謹慎地從事每件事」這個才華為例，如果是要求零失誤的工作，這項才華當然是再好不過的優點，但如果是講求速度的工作，這項才華就變成缺點。

所以我們該了解的是，怎麼把自己擅長的事（才華）化為優勢。

以前的我總是注意自己的缺點，很在意「跟別人相處一久，就覺得自己被掏空」。

「我得成為有很多朋友、討人喜歡的人才行」，以

前的我總是這麼告訴自己，為了克服這個缺點，我甚至挑戰了搭便車一百次，還是闖不過那道怕與陌生人相處的心理關卡，也沒辦法成為心目中被很多朋友圍繞的人。

如果覺得改善缺點很痛苦，最終只會自我否定，一直暗示自己「我怎麼努力也不會改變」。

讓我們換個角度，別再滿腦子想要改善缺點吧。「跟別人相處一久，就覺得自己被掏空」乍看是缺點，但從別的角度來看的話，又會成為怎麼樣的優點呢？

就我而言，我將這個缺點轉換成「能一個人全心投入事情」的優點。我之所以能努力不懈地寫部落格、出書，也正是因為具備這個優點。

如果我否定「喜歡獨處」這項才華，選擇當一個在人群中強顏歡笑的人，恐怕我會是個毫無個性又無聊的人吧。

如今的我能像這樣靠著寫文章維生，全是因為我將才華視為自己的優點。

「一分耕耘，一分收穫」這句話是騙人的，克服缺點是毫無意義的，因為這只會讓自己將所有的注意力放在缺點，加速否定自己。

大家看過「老婆與岳母」這幅兩面畫嗎？這是一張同時藏著往遠方看的年輕女性與老婆婆側臉的畫。

這張畫正好足以說明「擅長的事（才華）」。不管是哪種「擅長的事」，優點與缺點都是一體兩面的，所以才華本身沒有優劣之分，真正重要的是理解自己的「才華」與靈活運用這項才華。

讓我們從根本改變想法吧。從今往後，你不再需要「努力改變自己」，只需要「為了發揮才華而努力」。

你不是個沒有才華的人，只是不知道該如何發揮才華，所以接下來我要告訴大家一個簡單的方法，讓大家能瞬間將缺點轉換成優點。

那就是將「因為～」的藉口轉換成「正因為～」的方法。

以「因為我是個怕生的人，所以很難交到新朋友」為例。**請試著將句子裡的「因為」換成「正因為」**，如此一來，就能換句話說，將句子改成「正因為我怕生，所以能與重要的人用心相處」或「正因為我怕生，所以懂得騰出一個人靜靜思考的時間」，讓缺點變成優點。

於本書最後的特輯收錄了一百個這類「將擅長的事（才華）」的範例與優缺點，請大家試著利用這份清單，將自己的習性轉換成優點。

今後不要再努力改變自己，開始為了發揮才華而努力吧。

✕：為了改變自己而努力
○：為了發揮才華而努力

為何越讀那些「心理勵志書」，
就越喪失自信？

　　「到底該怎麼做才能成功？」有些人想知道這個問題的答案而讀了很多心理勵志書籍，但其實這只會弄巧成拙，因為讀得越多，越是容易沒有自信。

　　之所以會這樣，是因為會學到「作者發揮專長」的方法。心理勵志書籍裡的那些**「我就是這樣成功的」**例子，通常都會被形容成唯一正確解答。

　　但這只是適用於作者的方法，不一定能套用在你的身上。就算信以為真與採取作者建議的行動，只要不適合你，就毫無意義可言。

　　越是聽信作者的建議，越會得到「為什麼我照著作者說的做卻沒什麼用，果然我是個無可救藥的廢物啊……」的結論，也會一點一滴失去自信。

　　我自己曾在大學時代讀過主張「先拓展人脈再說！」的書，所以訂了一個搭便車一百次的目標。

　　但從頭到尾，我只覺得這個挑戰很痛苦，因為我真

的很不擅長與初次見面的人搭話，越做越覺得「我沒辦法與初次見面的人打好關係」，也對自己越來越沒自信。

結果，搭便車一百次只讓我學到「我沒辦法每天與初次見面的人相處」這件事。

了解自己不擅長的事也算是一種收穫，但如果這麼有時間，還不如用來琢磨自己的優點。

當時的我，**就像是一條想學習飛翔的魚**，所以得到「怎麼練習也飛不起來，我真是個廢物」的結論，也失去了自信。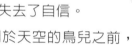

當時的我早該在嚮往成為飛翔於天空的鳥兒之前，先想想「我到底擁有什麼才華」這個問題。

你是在海裡悠游的魚嗎？還是在天空飛翔的鳥呢？

有些人能憑著少數重要的夥伴做出成果，有些人則可以透過人脈成就大事，所以「擁有真正重要的夥伴」與「拓展人脈」都是正確解答。

重點在於不要模仿別人發揮專長的方法，而是要找出專屬自己的致勝模式。

請製作一本專屬自己的使用說明手冊，這樣就不再會因為自己不擅長的事而覺得「沒什麼幹勁」，名為「人生」的這個遊戲也會變得容易破關。

不管讀多少本心理勵志書籍，也找不到這本使用說明手冊，因為這本手冊只藏在你過去的經驗裡。

琢磨「專長」，
成為無可取代的存在

　　接著要做的事，就是不斷地琢磨你的專長。這比起克服缺點更能自我成長。

　　有份研究以十六歲學生為對象，進行為期三年的速讀訓練，希望了解閱讀速度能因此提升多少。這份研究將學生分成一分鐘能閱讀九十個字的 A 組與一分鐘能閱讀三百五十字的 B 組，再讓這兩組學生接受相同的速讀訓練。

　　三年後，A 組的平均閱讀速度上升至一分鐘之內閱讀一百五十個字，速度大約是原本的兩倍，算是非常棒的成果。

　　但 B 組的平均閱讀速度居然大幅提升至二千九百個字，速度是原本的八倍有餘。

　　從這份研究可以發現，不管多麼努力，也無法將本來不太擅長的事情變成強大的武器，所以有效率地強化原本就很拿手的事才重要。

　　你有沒有把時間浪費在克服缺點，害自己失去自信呢？

約 **8** 倍

B 組　👥👥👥　350 文字 ⟁⟁⟁⟁⟁⟁⟁⟁⟁ 2,900 文字

　　管理學大師彼得‧杜拉克曾說：「只有強項能創造成果，弱項只會讓人頭痛。而且就算克服弱點也無法創造任何東西，所以把能量用在發揮強項吧。」

　　請別把時間浪費在彌補與生俱來的星星凹陷處，這只會讓你變成毫無個性的圓形。請把時間花在磨尖星星往外突出的銳角，那才是真正的你，也才能在工作上締造成果。

　　學校的每科考試都是滿分一百分計算，而且學校是以每科分數加總後的總分評量你的成績，但工作的評量方式不同。工作沒有所謂的滿分，所以只需要讓某科的分數考到一千分，甚至一萬分就好，只要有一項專長特別突出，就能創造「月暈效應」。

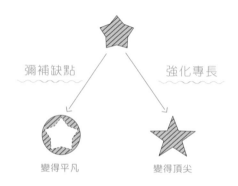

月暈效應就是「看到某個人有某項特別厲害的專長時，會覺得這個人其他的部分也很厲害」的現象。大家看到五官端正的人，是不是會覺得對方的工作能力很強？這就是所謂的月暈效應，所以就算你有缺點，只要有一項特別厲害的專長，別人也會覺得你很優秀，就算你有些事情不會，你在別人心目中的印象也不會因此被扣分。

　　而且擅用專長，職場生活才會更充實。

　　你還要選擇彌補缺點，讓自己變得毫無特色的那條路嗎？還是要從今天開始琢磨自己的優點，成為無可取代的存在呢？

· point ·

克服缺點，會得到「平凡的成果與無聊的工作」
發揮優點可得到「出類拔萃的成果與充實的工作」

- 練習 -

回答五個問題，找出自己的專長

　　接著讓我們一起找出「擅長的事」，以及能充分發揮這件專長的優點吧。

　　目標是：

- 找到 10 個優點

請找出 10 個心理勵志書沒提到，只屬於你自己的優點。接下來讓我們一起看看幫助你找到這些優點的問題。

Q1 到目前為止有哪些充實的體驗？

想找到「擅長的事」之際，常有人會建議「回想成功體驗」，的確，要想找到「擅長的事」，回想成功體驗是很有效的方法。

但是就算聽到這類建議，應該有不少人會覺得「哪有什麼成功體驗可以回想啊……」。就算跟客戶說「請告訴我你有哪些成功體驗」，也很少人可以立刻回答，所以我總是把問題換成「有沒有什麼充實的體驗？」

所謂充實的體驗，就是自己覺得很快樂的時期或經驗。為什麼回想這些快樂的經驗能找出自己「擅長的事」呢？

因為在做「擅長的事」的時候會非常輕鬆，而且樂此不疲，越做越有精神。

舉例來說，有些人「去了一群人的聚餐會變得生龍活虎」，有些人則是「獨自待在房間讀書會變得精神奕奕」。

反之，做不擅長的事會逼自己努力一點，所以會很累，有些人「去了一群人的聚餐會覺得虛脫」，有些人

則是「獨自待在房間讀書會陷入憂鬱」。

分辨「擅長的事」與「不擅長的事」其實很簡單，做的時候覺得充實的事就是「擅長的事」，若覺得很疲憊，就是「不擅長的事」。

第一點，請先從「自己在什麼時候覺得快樂」找出「擅長的事」。該怎麼將這件擅長的事化為職場上的優勢則是下個步驟。

請先找出自己覺得充實的體驗。

Q2 最近一次覺得煩躁、心情亂糟糟是什麼時候？

最近曾為了什麼事情生氣？其實回想這類事情也能幫助自己找到「擅長的事」。會因為別人的行動而感到煩躁、不滿，是因為對方沒辦法做到你自然而然能做得到的事，所以覺得煩躁的時候，就是發掘那些你順手就能做好的事情的時機。

若能將看別人做很生氣，自己做卻很順手的事情當成工作來做，就能輕鬆地締造成果。

舉例來說，我有位朋友很懂得說話，每次聚餐，他都是帶動話題的人。

某次這位朋友跟我說：**「那傢伙明明沒能力炒熱全場，還一直在那邊說廢話，真的很煩。」** 其實我完全沒有察覺這點，所以驚訝之餘，也記住了這番話。大概是

因為他總能輕鬆地利用一些有趣的話題炒熱氣氛，所以才會這麼說吧。

這位朋友擁有邊聊天，邊取悅別人的「專長」。如果能輕鬆做到這點，那絕對該在工作上運用這項專長。反之，如果沒辦法在工作上運用這項專長，應該會痛苦得不得了吧。

也有人跟我說過「不懂得體貼別人的人很可惡」這句話，這個人想必很懂得體貼別人吧。

你會在什麼時候覺得焦慮、煩悶與不滿呢？你能從中找出哪些習以為常的習慣呢？

如果能將這些看似平凡的習慣當成工作來做，那麼你的工作就會像是坐在游泳圈，順著滑水道的水流向前滑一般勢如破竹。

Q3 試著向好朋友問：「你覺得我的專長是什麼？」

只問一個人的話，很難問出「擅長的事」。

因為「擅長的事」通常是那些你覺得理所當然的事，你自己很難察覺。

所以很多事情是旁觀者清，當局者迷。

在以三百組情侶為對象的研究之中發現，比起自己評論自己的個性，另一半的評論通常比較正確。

以我為例，我問了朋友「你覺得我的專長是什

麼？」，得到以下答案。

朋友：「你真的對自我理解這類事情很有熱忱耶，動不
　　　動就會拖別人下水。」
八木：「從旁人來看，我真的那麼有熱忱嗎？我覺得這
　　　很正常，所以沒什麼自覺。」
朋友：「你真的很有熱忱啊。」

　　雖然我知道自己這套課程不用太努力就能賣得出
去，但這似乎是因為我散發的熱忱，讓別人紛紛聚集在
我身邊吧。

　　雖然我自己並沒有意識到，但當我全力投入一件
事，就會帶動身邊的人一起投入，這就是我的專長。

　　發現「我的熱忱足以帶動身邊的人」之後，我便對
自我理解課程的學員公開事業的各項數值，也說明一直
以來都以何種策略推動工作，這是為了讓客戶感受到我
投注在自我理解課程的熱忱。

　　如此一來，便能將客戶捲入我的熱忱所形成的熱氣
旋，客戶也會有「想找到自己能如此投入的事情」的心
情以及想進一步了解自己的動力。

　　應該很少人會對客戶揭露事業的各項數值，但這就
是我發揮專長的方法。

　　我也會請客戶問朋友自己的專長，因為通常會從朋

Chapter ⑤ 只要找到「擅長的事」，就能將這件事當成工作

友口中問到非常意外的答案，進而發現那些自己一直以來習以為常、未能察覺的專長，所以請大家務必拿這個問題問問自己的朋友。

Q4 如果明天辭職，這份工作有哪個部分會讓你想繼續做下去？如果現在沒工作，請以上一份工作思考這個問題。

這個問題的重點在於把工作看成多項流程的組合，而不是視為一個整體。這世上幾乎沒有全然開心或難過的工作，不管是多麼開心的工作，也一定有讓人討厭的部分，不管多麼痛苦的工作，也一定有讓人開心的部分。

「如果明天辭職，這份工作有哪個部分會讓你想繼續做下去？」

這個部分就是你「擅長的事」，也是讓你覺得充實的部分。

例如我的客戶 K 先生告訴我，他很討厭職場裡的行政流程，卻「很喜歡聽客戶聊自己的故事」，如果能把聆聽客戶這件事轉換成核心的工作，K 先生一定能在職場發光發熱。

那些你覺得討厭的工作之中，應該也有喜歡的部分，而這些部分的背後就是你所擅長的事。

Q5 到目前為止,你有哪些成就?這些成就是怎麼創造的?

其實最重要的就是這道問題。要找到能於職場運用的「專長」,就必須回顧自己有哪些成就。

說是成就,也不必是那種能挺起胸膛、向別人炫耀的豐功偉業。

只需要是在思考「我有什麼成就啊?」這個問題時,突然浮現腦海的成就即可。

因為這些突然浮現腦海的成就,就是印象深刻的經驗,也是發生當時帶有強烈情緒的經驗。

你的專長通常帶有某些情緒,例如你有機會發揮專長時,心裡通常很踏實、很喜悅,如果是做不怎麼擅長的事,通常會覺得很空虛或不安,所以只要進一步探討那些突然浮現腦海的經驗,就能在那裡找到你的專長。

若問該怎麼進一步探討這些成功體驗,請從下列八個觀點著手。

1. 在覺得充實之前 做了什麼事？	2. 當時的環境有何特徵？	3. 採取了哪些具體行動？
8. 有哪些是覺得當下如果 懂得這麼做就好的事？	成功的體驗？ 充實的體驗是什麼？	4. 基於何種思維採取 「3.」的行動？
7. 這份充實感何時結束？ 該怎麼做才能維持？	6. 動機為何？	5. 當時注意到哪些事？

↓

發揮「專長」的模式是？

1. 在覺得充實之前做了什麼事？

2. 當時的環境有何特徵？

3. 採取了哪些具體行動？

4. 基於何種思維採取「3.」的行動？

5. 當時注意到哪些事？

6. 動機為何？

7. 這份充實感何時結束？該怎麼做才能維持？

8. 有哪些是覺得當下如果懂得這麼做就好的事？

　　從這八個觀點進一步探討你的成功體驗，就能一步步發掘你的專長。

　　從這八個觀點思考之後，請統整從這些觀點找到的「專長」。

1. 在覺得充實之前 做了什麼事？	2. 當時的環境有何特徵？	3. 採取了哪些具體行動？
▶閱讀參考書與搜尋學習方式，從中找到最適合自己的方法 ▶放棄參加高中聯賽，專心準備考試	▶父母親幫了所有能幫的忙，讓我專心考試，不受其他的事情干擾 ▶買了很多本參考書 ▶有準備考同一所大學的好朋友 ▶有尊敬的老師指導	▶聽從值得信賴的老師的建議 ▶在家庭式餐廳與好朋友一起研究不拿手的科目 ▶重視模擬試題 ▶上學途中一直聽英文單字 ▶利用自己選擇的科目選擇大學 ▶試著在 90% 的時間之內寫完模擬試題

8. 有哪些是覺得當下如果懂得這麼做就好的事？	成功的體驗？ 充實的體驗是什麼？	4. 基於何種思維採取 「3.」的行動？
▶以排名更高的大學為目標真是太好了。進入大學後，看到東大生會有點自卑	高中三年準備考試的經驗	▶不去在意那些不值得尊敬的人所說的話。只想利用能締造成果的學習方法 ▶因為是單純的快樂。因為沒有太多好朋友。即使是不拿手的科目，與朋友一起讀就很開心 ▶希望讀書不只是為了自我滿足，還要能考出成績 ▶想利用一分一秒，做到所有能做的事。把一整本單字書的單字背起來很開心 ▶中途換組，所以決定考該科目最難的學校 ▶正式考試的時候若考不出好成績，就沒有意義，所以設定比正式考試更難的條件，再做練習題

7. 這份充實感何時結束？ 該怎麼做才能維持？	6. 動機為何？	5. 當時注意到哪些事？
▶考試結束後，這份充實感也隨之消失。因為考上大學是唯一的目標，所以考上之後，便失去目標。當下覺得，如果在準備考試之前，就先問自己「到底想做什麼」，然後根據這個問題的答案選擇大學，應該會更好。結果大學四年過得毫無目標。由此可知目的與目標不該不一致。	▶隨著數值提升而來的「成就感」 ▶比別人成績更好的「優越感」 ▶專心做一件事的「投入感」 ▶被父母親讚美的「自我肯定感」 ▶知道自己進步的「成長感」 ▶背完整本單字書的「完美感」	▶總之就是將所有的精神放在考試這件事上 ▶盡可能不分心想考試之外的事 ▶使用能締造成果的學習方式 ▶忽略差勁老師的話

發揮「專長」的模式是？

1. 找到值得尊敬的人，無條件相信他
2. 增加一決勝負的機會，不是增加練習的機會
3. 找到為了目標一起努力的朋友
4. 建立明確的目標，不管成功或失敗
5. 花時間擬訂可行的戰略
6. 利用空檔練習聽力
7. 排除與當下目標無關的事物
8. 讓成長更具體可見
9. 描繪與現在的自己無關的遠大理想

雖然回想一個成功體驗得花 30 分鐘，但這段時間能幫助我們找到在今後的人生也受用無窮的專屬成功法則。

以為我例，我介紹的是我在高中三年級準備考試的經驗。

回顧一次的成功體驗，就能找到九個「發揮專長」的模式。

將這些模式應用在現在的工作，或是用來選擇就職與跳槽的公司，就能進入相同的狀態，也能順利締造成果。

整理優點，製作 「自己的使用說明書」

接著讓我們整理一下從上述的答案發現的「優點」吧，這就是你的使用說明書。

「想做的事」必須與這個「優點」有關，否則不管是多麼「喜歡的事」，都不會是「想做的事」。

　　我很喜歡自我理解，但不太擅長與沮喪的人打交道。所以我想做的不是鼓勵沮喪的人，而是讓別人發揮潛力。

　　為了找出「想做的事」，請先整理從上個步驟找到的優點。

　　最少要寫出十個優點，可以的話，最好寫出二十個。「發揮專長」的模式越多，越能在各種情況下發揮自己的才華，而且也會擁有「只要有這項專長，我什麼目標都能達成」的自信。假設寫不到足夠的數量，可試著進一步探討 Q5 的成功體驗，或是回到特輯的問題。

　　舉例來說，我列出了下列這些勝利模式。

　　寫出優點後，以「◎、○、△」這三個符號進行三段式評估。

　　◎：充實感滿分，也能締造成果

　　○：很有充實感

　　△：還不太確定是否很充實

「發揮專長」的模式總結（10 個以上）

1	找到值得尊敬的人，再模仿他的行動
2	增加一決勝負的機會，而不是增加練習的機會
3	花時間擬訂可行的戰略
4	讓成果更具體可見
5	不管成功或失敗，訂立明確的目標
6	描繪與現在的自己無關的遠大目標
7	不斷追求品質
8	察覺自己與別人的強項再加以運用
9	開創新事業
10	持續學習新事物
11	建立讓別人能開心的機制
12	將所有時間用在喜歡的事情上
13	排出與目前的目標無關的事物
14	整理資訊，並且系統化說明這類資訊
15	以鼓勵的話助別人一臂之力
16	有備受注目的舞台就能發揮潛力
17	思考令人雀躍的點子
18	與值得尊敬的朋友建立互信
19	分享自己的成功體驗，讓別人了解自己的生活方式，再藉此帶動別人
20	從事能同時向許多人傳遞訊息的工作

在 Chapter 7 會將「喜歡的事」與「擅長的事」揉合成「想做的事」。

讓我們以標記為「◎」的優點為主吧。假設這些事情無法使用那些能帶給你充實感與成果的優點，就不是

「發揮專長」的模式總結（10個以上）

◎	1	找到值得尊敬的人，再模仿他的行動
◎	2	增加一決勝負的機會，而不是增加練習的機會
○	3	花時間擬訂可行的戰略
◎	4	讓成果更具體可見
◎	5	不管成功或失敗，訂立明確的目標
○	6	描繪與現在的自己無關的遠大目標
◎	7	不斷追求品質
◎	8	察覺自己與別人的強項再加以運用
◎	9	開創新事業
◎	10	持續學習新事物
○	11	建立讓別人能開心的機制
○	12	將所有時間用在喜歡的事情上
○	13	排出與目前的目標無關的事物
◎	14	整理資訊，並且系統化說明這類資訊
◎	15	以鼓勵的話助別人一臂之力
○	16	有備受注目的舞台就能發揮潛力
◎	17	思考令人雀躍的點子
○	18	與值得尊敬的朋友建立互信
◎	19	分享自己的成功體驗，讓別人了解自己的生活方式，再藉此帶動別人
◎	20	從事能同時向許多人傳遞訊息的工作

「想做的事」。

　　找到你的優點之後，就可以準備尋找「想做的事」。下一章就讓我們一起了解「喜歡的事」吧，這也是在三個元素之中的最後一個元素。

跟「找到喜歡的事再努力去做」說再見

「喜歡的事」的定義是？

在尋找「喜歡的事」之前，先為大家說明什麼是「喜歡的事」。本書將「喜歡的事」定義為「有興趣、好奇的領域」。

喜歡的事＝有興趣、好奇的領域

比方說，喜歡自我理解的人應該會對「該怎麼做，才能更了解自己」感興趣吧？喜歡寫程式的人則會對「為什麼這套系統沒辦法執行」感到好奇；喜歡拉麵的人，或許會忍不住思考「好吃的拉麵與難吃的拉麵有什麼不同？」這個問題。

只要是喜歡的領域，就沒辦法不解開腦中的疑問，會很想讓「不知道的事」變成「了解的事」，想要弭平這種前後落差的心情，就是所謂的「喜歡」。

發現你的天職：三大步驟，讓你選系、就業、轉職或創業不再迷惘

如果是喜歡的人，自然會對對方有興趣，會有「想多了解他／她」「想更親近他／她」的心情，這種心情也是一種「喜歡」。

　　由於我們對於「喜歡的事」會自然而然產生興趣，所以這種興趣也會轉換成工作動力。換言之，那些讓你有下面這類感覺的事，就是你「喜歡的事」。

・為什麼？
・怎麼會這樣？
・該怎麼做？

　　李奧納多・達文西曾說：「一如沒有食欲卻勉強進食會有害健康，沒有欲望而勉強學習會有損記憶。」如果能找到興趣如食欲般湧現的領域，就不用擔心缺乏工作動力。讓我們一起找出這個領域吧。

・・・・ point ・・・・・・・・・・・・・・・・・・・・・・・・・・・・・・・・・・・・・

　　喜歡的事＝有興趣、好奇的領域

・・・

「為錢工作的人」贏不了
「為興趣工作的人」

　　我曾傳授「透過發布資訊締造成果」這個課程，當時雖然賺到了一些錢，但總是有一種「再這樣下去好嗎？」的煩悶感，後來才發現，這只是因為我對「發布資訊」這件事沒興趣，感覺上，「只是為了工作在學習」。

　　傳授自己所學，然後得到別人的感謝固然開心，但在學習的時候，卻覺得「為什麼我要學這些啊？」。

　　反觀「自我理解」是我覺得很有趣的工作，所以在學習相關的知識時，完全沒有很勉強的感覺，反倒是自己想要多留一點時間學習，再多也不嫌累。

　　這個經驗讓我深刻體會到**「為了金錢工作的人，贏不了為了興趣工作的人」**這件事。真的，因為動機的強烈程度完全不同。你身邊有沒有熱愛工作的人，愛到讓你覺得「沒想到居然有人這麼喜歡這個領域，我一定沒辦法在這個領域贏過他」呢？

　　讓「興趣」變成工作，就能自然而然地全心全意投入工作，切換成動力源源不絕的狀態，之後再沒有一天覺得「意興闌珊，沒有幹勁」。人生不是講究爆發力的百米賽跑，而是一場漫長的馬拉松。有一位二十幾歲的客戶告訴我：「光是想到這份工作還要做五十年，就讓

我冷汗直流，我覺得一定要改變工作方式，開始了解自己。」

我完全贊成他的說法，由於工作占據了人生的一大半，所以我絕對不要過那種沒辦法大聲說「我喜歡我的工作」的生活，尤其當人生還很漫長時，更是如此。

假設人生是一場百米賽跑的話，一時半刻的努力的確能應付得過來，但如果是馬拉松，就必須不斷地往前奔跑，讓自己全心投入喜歡的事情。若是短期決戰，「努力」是有效的戰略；但如果是長期抗戰，「努力」就贏不過「喜歡得難以自拔」的狀態。如果你也能進入「喜歡得難以自拔」的狀態，不就能一直工作下去了嗎？

···· point ····

× ：因為想成功，所以從事賺得了錢的事
○ ：因為想成功，所以從事感興趣的事

「喜歡棒球，所以選擇與棒球相關的工作」是錯誤的

　　我們常聽到「能把興趣當成工作是件幸福的事」，卻也常聽到「興趣不能當飯吃」這種說法。

　　為什麼會有這麼極端的說法出現呢？

　　這是因為「把興趣當飯吃」有所謂的失敗模式。一如「因為喜歡棒球，所以選擇與棒球相關的工作」，不假思索地選擇與「興趣」直接相關的工作。在「感興趣」的領域挑工作，或是不去思考具體的工作內容就選擇了該項工作，往往會以失敗收場。

　　例如從學生時代就很愛打棒球，但知道自己應該當不上棒球選手，所以決定從事棒球相關的行業。幾經努力，總算擠進大型棒球球具製造商擔任業務員，原以為這會讓自己很開心，沒想到卻覺得有點空虛。

　　會覺得空虛的理由很簡單，那就是你雖然喜歡打棒球，卻不喜歡賣球具。

　　如果只把注意力放在「感興趣」的領域上，很可能就會陷入上述的失敗模式。

　　重點在於除了找到感興趣的領域之外，也要同時想想做什麼事情讓自己最開心，也就是要同時想想自己「擅長的事」。

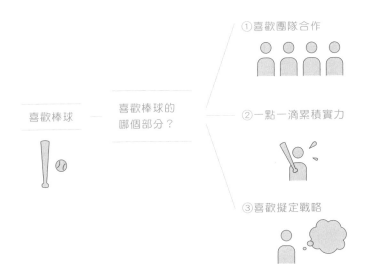

①喜歡團隊合作

②一點一滴累積實力

③喜歡擬定戰略

喜歡棒球

喜歡棒球的
哪個部分？

　　就算「喜歡棒球」，面對「到底喜歡棒球的哪個部分？」這個問題，每個人的答案都是不同的。

　　如果喜歡的是「棒球的團隊合作」，那麼在選擇工作時，就必須以「能不能以團隊的形式推動工作」的角度來衡量工作。

　　如果喜歡的是「一點一滴累積棒球實力」，那麼最好問問自己「這份工作有沒有機會讓你嘗到琢磨技術的快樂呢？」再者，若是喜歡「擬定棒球的作戰策略」，就得以「這份工作是否用得到大腦，而不只是照章完成工作」的標準來評估。

　　如果能透過棒球相關的工作實現上述這些興趣，當然是再好不過的事，但除了棒球之外，能實現上述興趣

的工作多的是。

讓我們從「喜歡棒球」這個起點，進一步思考「喜歡棒球的哪個部分」吧。

· 喜歡團隊合作→以團隊進行的工作
· 一點一滴累積實力→磨練技術的工作
· 喜歡擬定戰略→需要思考的工作

從中得到的答案通常與你「擅長的事」有關。要將興趣當成工作時，除了要考慮「領域」，還要思考「到底喜歡這個興趣的哪個部分」。

···· point ····

將興趣當成工作時，請進一步思考
「到底喜歡這個興趣的哪個部分」

「該當成工作的興趣」與
「不該當成工作的興趣」的差異

其實「興趣」分成兩種，一種是該當成工作做的種類，一種是不該當成工作做的種類，分辨的方法也非常簡單。「因為派得上用場才喜歡的事」不該當成工作，

「因為有興趣，所以才喜歡的事」就該當成工作來做。

「因為派得上用場才喜歡的事」就是想要得到做完之後的「成果」的事情。

「因為有興趣，所以才喜歡的事」則是接觸的當下就很開心地一直做下去的事情。

可惜很多人都只看重「派得上用場才喜歡的事」，捨棄了「因為有興趣才喜歡的事」。

你是不是也因為「派不上用場」所以拋棄了「因為有興趣而喜歡的事情」呢？

「派不上用場」這句話是絆住我們腳步的大惡魔，讓我們找不到喜歡的事。

假設一味地以「派不派得上用場」來評量所有事情，就找不到喜歡的事。

合乎邏輯、有效率的生活方式當然很棒，這樣的生活也沒有半點多餘之處，但很多人其實不自覺地陷在某個陷阱裡，那就是整個人生只追求所謂的「合理性」。

接著為大家進一步說明。

若覺得所有的行動都必須符合「實不實用」這個基準，有時會自踩煞車，看不見「透過興趣掌握幸福人生」這個最初設定的目的，也會覺得只能做「派得上用場的事」，這就是所謂的合理化陷阱。

· 只做派得上用場的事

- ‧只做有辦法向別人說清楚的事
- ‧只做賺得了錢的事
- ‧只做具有生產力的事

我發現，有不少人陷在這種陷阱之中，這樣當然找不到自己喜歡的事。

大家要不要先放下「實不實用」這個標準，先單純地找到自己感興趣的事情就好呢？

之後再思考將興趣轉換成工作的方法。這個方法也將在 Chapter 8 說明。

接下來讓我們一起回答一些問題，找出「喜歡的事情」吧。

⋯ *point* ⋯⋯⋯⋯⋯⋯⋯⋯⋯⋯⋯⋯⋯

✕：因為派得上用場，所以把興趣當作工作
〇：因為有興趣，所以把興趣當作工作

發現你的天職：三大步驟，讓你選系、就業、轉職或創業不再迷惘

回答五個問題，找出「喜歡的事」

Q1 現在有就算花錢也想學的事情嗎？

你現在有花錢都想學的事情嗎？

舉例來說，我前幾天參加了某個「強化自我認識課程」。這個為期兩天的課程要價十萬圓，可說是相當昂貴，但我學到了新知識，也覺得有很多成長。由於是與自己的專業領域有關的內容，所以上這堂課當然算是工作的一部分，但我更覺得上這堂課像是在「玩遊戲」。

像這樣將興趣轉化為工作之後，就能建立一種原本是為了興趣而學的知識，卻能於工作應用，進而增加收入的良性循環。

你現在有付錢也要學的事情嗎？

或者有付錢也要體驗的事情嗎？

想學習的事就是你有興趣的事，如果能將這個感興趣的領域當成工作，工作對你來說就像是一項「遊戲」，所以試著寫出現在想學、想體驗的事情吧。

Q2 你的書架擺了哪些種類的書？

請瀏覽一下自己的書架，看看上頭都擺了哪些種類的書。

其中有沒有光是看到封面就讓你很興奮的書？

瀏覽這些曾經花時間閱讀的書，可了解自己對什麼事情有興趣。

如果家裡沒什麼書，請跑一趟書店，最好是有賣各類書籍的大型書店。

我的客戶曾告訴我「之前我就當是被騙，去了一趟書店，沒想到真的找到喜歡的事情！」書店就是這麼精采的地方。

請試著在書店裡逛一圈，而且不要預設「我應該對這種書籍沒有興趣」的立場，再觀察自己會在哪類書籍前面停下腳步。

此時的重點在於將注意力放在「莫名感興趣」的書，而不是那些「實用才喜歡」的書。

「因為實用才喜歡的書」是經過思考挑出來的書。這些基於「因為有助業績」這類理由選出來的書比較算是「必要」的書，而不是喜歡的書。所以讓我們將「因為實用才喜歡的書」與「莫名感興趣的書」放進不同的分類吧。

「莫名感興趣的書」是憑直覺挑出來的書。這是真

正的「喜歡」。請選擇讓你「不知道為什麼，卻對這個領域很有興趣」的書。

這類書隸屬的領域，很有可能會是今後與工作相關又是你喜歡的領域。

Q3 有沒有哪些讓你覺得「能遇到真是太好了！」「得救了！」的領域、類型或事物？

即使是無法回答「喜歡什麼？」的人也能回答**「到目前為止，有沒有什麼事情讓你覺得得救了的事情呢？」**這個問題。截至目前的人生，有沒有讓你不禁覺得「能遇見真是太好了！」的領域或類型呢？

從「得救了」的經驗，可能會對其感到興趣、視為喜好，進而當作工作來做，這種例子屢見不鮮。

接著為大家具體說明是哪些領域或類型。以我為例，「自我理解」是我喜歡的事情，若問我為什麼，是因為我曾因為「性格」這個概念得救。

從小我就很崇拜具有領袖風範的哥哥，也一直覺得「我要像哥哥一樣，成為被所有人愛戴，以及帶領所有人的人」，所以不管是國中、高中還是大學，我都一直模仿我哥哥，甚至在大學的時候挑戰搭一百次便車，為的就是要改造自己，讓自己更能與陌生人交談，但還是無法消除與陌生人相處的不適感，最終開始討厭自己，

「覺得自己是個沒用的人」。

就是在那時候，我知道「每個人的個性都會因為大腦差異而分成內向型與外向型兩種」。

接受診斷測試後，我發現自己是與別人相處就會大傷元氣的內向型，**當時真的有一種得救的感覺……**

我還記得，在向來否定性格的我得知「人無法改變自己的性格」時，真的鬆了一大口氣。遇見「性格」這個概念真的讓我解脫了，如果沒遇見這個概念，想必我現在還會為了相同的問題痛苦。

這件事讓我覺得，如果能有更多人像我一樣了解所謂的「性格」那就好了。

因為自己得救，所以希望更多人也得救的「熱情」到現在未曾熄滅。我有位朋友利用信用卡的紅利點數過了一段手頭拮据的時期，所以愛上信用卡的魅力，進而從事提供信用卡資訊的工作。

你能遇見這類讓你覺得解脫的領域，是不是因為曾有某個人向你介紹這個領域呢？

覺得得救的這件事能讓我們獲得莫大的能量，這次要不要試著轉換立場，換你拯救別人呢？

尋找那些你覺得拯救你脫離苦海的領域，你就能找到喜歡的事。

Q4 截至目前為止，有沒有讓你「想感謝的工作」？

在之前的人生裡，有沒有讓你「想感謝的工作」？也可以將工作換成「想說謝謝的人」。

以我為例，我最想說謝謝的是在我遇到挫折時拉我一把的「老師」。第一位要感謝的老師已在前面提過，就是那位在我小學二年級，身上戴著一堆叮叮噹噹配件的級任老師，她告訴我主動思考的重要性。第二位是補習班的老師，他在我跟不上高中英語課程時，從國中一年級的基礎英文從頭開始教我，讓我得到學會英文的快樂，最後一位就是精神科醫生泉谷閑示，他讓我學會自我理解術的基礎思維。

因為得到這三位「老師」的照顧，所以我也一直希望自己能成為引導他人人生的老師，若以我喜歡的領域來看，我想做的事情就是「教育」吧。

現在的我彷彿像是在從事教育工作一般，很想從事把自己實踐所得的經驗傳授給別人的工作。如果是你，又會感謝什麼工作呢？

Q5 到目前為止，有沒有對社會上的什麼事情感到憤怒？

截至目前為止，有沒有對社會上的事情感到憤怒？

所謂的憤怒，就是對現狀的不滿。「加油好嗎？」

會如此憤怒，純粹是對現狀感到不滿足。你沒辦法為了改善那些你覺得不滿的領域而盡一己之力嗎？

我的一位客戶 S 先生曾告訴我「身邊有個喜歡散發負能量，讓別人覺得不幸的傢伙」，他也很討厭這個傢伙。換言之，S 先生很在意人際關係，也對人際關係很有興趣，他現在從事的是讓別人建立良好人際關係的工作。

一如「喜歡的事」的定義，S 先生對「該怎麼做才能建立良好的人際關係？」這個問題很感興趣，所以自然而然地學習相關的知識，然後在這方面慢慢成長。你對社會感到不滿的事情又是什麼呢？

如果能在這類領域工作，工作動力自然會提升，所以也很建議你在這類領域工作。

回答上述的五道問題是否幫你找到喜歡的領域了？如果還想回答更多問題，不妨翻到本書最後，試著回答特輯的問題，從中找到喜歡的事吧。

7

決定「真心想做的事」，
開始活出「真正的自己」

立刻停止為了「未來」而活

本章總算要把前面收集的每塊拼圖拼起來，找出你「真心想做的事」了。

不過讀到這裡，是不是有人開始想「**總覺得這次也找不到想做的事，要不要先學一些對未來有幫助的技巧呢**」？

我想問這類想法的人，「到底要為了未來的可能性想到什麼時候？」

前幾天有位朋友跟我說「既然找不到想做的事，想要先學寫程式，因為今後這方面的需求會增加，又能有一定的收入」。

我覺得這樣的想法非常危險。這與學校教育灌輸的**「為了未來，先讀好書再說」**的說法如出一轍。

為了進入好大學而讀書，為了進入好公司而找工作，然後為了未來而學技能？

你對現在的工作滿足嗎？

就是因為不滿足才買了本書吧？那你到底要為了未來準備多久？

我念大學也是基於「為了未來，先念再說」的理由，但當時的我沒有真的想學的東西，也從不覺得大學生活很充實。

如果你仍因不知道「想做什麼」而迷惘，那是因為你總是把面對自己這件事放到最後。

　　因為你總是告訴自己「先學一點可能有用的東西，然後再找想做的事情就好」。

　　讓我們徹底顛覆這種想法吧，別再為了留後路而準備，你該做的不是為了未來準備，而是找到現在最想做的事情。

　　與其為了未來準備，只有認真看待自己現在最想做的事，才能獲得真正的成長。

　　之後若是找到更想做的事情時，獲得真正成長的你才有能力挑戰。

　　立刻決定最想做的事，就是你現在最該做的事。

··· point ···

　　不能一直把決定「想做的事」擺到最後

··

依據「假設」
找到「想做的事」

　　一旦決定現在最想做的事，人生就會開始前進。

　　就算只是假設自己想做這件事也沒關係，邊做邊找

「真正想做的事」即可。

不過這與「為了找到想做的事，先行動再說」的概念完全不同。

沒有先假設就行動，往往找不到「想做的事」，因為這只是單純的賭博，跟買樂透變有錢人的夢想沒兩樣。

我曾與想換工作就換工作，換了十間公司以上的人聊過，但令我驚訝的是，對方不太了解自己，只要覺得工作很煩就想換工作，但即使一直這樣換工作，也找不到真的想做的事。

會掉入這種惡性循環，純粹是怠於回顧過去與了解自己。

所以重點在於「先建立假設，採取行動，反省，再運用反省的結果」。

老實說，我在開始傳授自我理解術這項工作的一開始，也覺得「這工作好無聊」，也有「明明正在做的是想做的事，怎麼還會覺得無聊呢？」的感覺。

仔細一想後，才明白箇中原因：「雖然是『喜歡的事』，卻不是以『擅長的方式』在做。」我很喜歡「自我理解」這個領域，但剛開始從事這份工作時，我是以「傾聽客戶的故事」的方式在做，但這不是我「擅長」的方法。

記得那時候都是在咖啡廳一對一坐著，一邊聽客戶說自己的事，一邊從中帶領客戶找到「想做的事」。

但是一邊點頭，一邊「嗯、嗯」地回應客戶，是我很不擅長的事情。比起「傾聽」，我更「擅長」的是「說話與書寫」。發現這點的我雖然還是繼續從事傳授「自我理解」這項工作，卻調整了工作方式。

　　繼續做「喜歡的事」，但工作方式修正為自己「擅長」的方式。

　　若問我具體做了什麼，就是舉辦不用聽客戶說話的「講座」，在三十到五十人面前介紹自我理解的理論，然後請來賓分成小組討論。如此一來，我就不必涉入客戶的故事。

　　改成講座這種形式後，一開始的確很開心，但慢慢地越來越痛苦，「每次都得說一樣的內容」。

　　我很討厭一直做相同的事，這也是被超商開除的原因。為了讓自己保有對工作的新鮮感而樂在其中，我試著在「講座」談一些新的事情。不過要在每週舉辦的講座想出新內容和簡報資料，也並非易事，就無法持續下去。

　　雖然工作還是「自我理解」這個領域，但已經做了許多改變的我又再次調整了工作方式。那就是將課程內容拍成影片。既然我不擅長每次說一樣的話，那不如就對著攝影機說，拍成影片後，就能重複播給學員看。

　　我現在做的是，讓學員接受系統化的自我理解影片課程，再以簡訊的方式與學員討論他們受挫的部分。

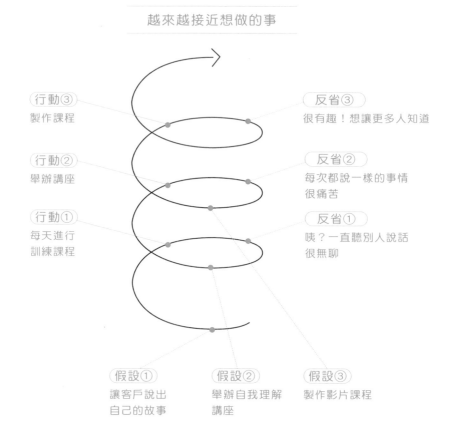

越來越接近想做的事

行動③
製作課程

反省③
很有趣！想讓更多人知道

行動②
舉辦講座

反省②
每次都說一樣的事情
很痛苦

行動①
每天進行
訓練課程

反省①
咦？一直聽別人說話
很無聊

假設①
讓客戶說出
自己的故事

假設②
舉辦自我理解
講座

假設③
製作影片課程

　　這種方式讓我不用再做那些我不擅長的事，不用「再聽別人說話」，也不需要「反覆說一樣的事」。

　　以「興趣」為軸心，不斷地根據「專長」嘗試與調整，最終才找到符合「興趣」和「專長」的工作。

　　由此可知，「想做的事」就是「喜歡的事」與「擅長的事」的綜合體。

發現你的天職：三大步驟，讓你選系、就業、轉職或創業不再迷惘

166

很少人能在一開始就找到這兩塊拼圖的正確位置。通常只能邊做邊找，在嘗試錯誤中慢慢找到正確位置。

　　所以我希望大家知道的是，就算找到了「想做的事」，通常也只是一種過渡性的假設。

　　實際做了想做的事情，覺得有點不對勁的時候，請先停下腳步，試著修正方向。長此以往，就能一步步接近「真心想做的事」。此外，若從「是否偏離價值觀」「是否偏離專長」「是否偏離興趣」這三個角度來看，就能立刻了解自己喜歡或討厭這種工作方式的哪個部分。

···· point ····································

　　邊行動，邊修正，一步步接近「真正想做的事」

決定「真正想做的事」的兩個步驟

　　接著讓我們一起假設「想做的事」，以便在日後找出「真正想做的事」。其實方法很簡單，如果你是按部就班地讀到現在，那你的手上已經有拼出「真正想做的事」的拼圖，之後只需要將這些拼圖拼出圖案即可。

透過「興趣×專長」假設「想做的事」

第一步，先寫出到目前為止找到的「興趣」與「專長」。要與興趣搭配的專長請以標記為「◎」的為主。

其他的專長則屬於輔助性的專長，可於尋找「想做的事」的時候使用。

接著利用這些興趣與專長隨意組出「想做的事」。要注意的是，這個步驟「重量不重質」，下一個步驟才需要篩選。如果覺得有趣的話，可以盡量搭配出不同的組合。話說回來，大家可能不知道到底該怎麼組合才對，所以就讓我介紹我的例子吧。

以我為例，我喜歡的事情有下列這三項：

· 自我理解
· 桌遊
· 時尚

接著把這些興趣與「專長」組成「想做的事」，總之就是先把可能的組合寫出來，就能做出下頁這種「想做的事」的清單。

「發揮專長」的模式總結（10個以上）

◎	1	找到值得尊敬的人，再模仿他的行動
◎	2	增加一決勝負的機會，而不是增加練習的機會
○	3	花時間擬訂可行的戰略
◎	4	讓成果更具體可見
◎	5	不管成功或失敗，訂立明確的目標
○	6	描繪與現在的自己無關的遠大目標
◎	7	不斷追求品質
◎	8	察覺自己與別人的強項再加以運用
◎	9	開創新事業
◎	10	持續學習新事物
○	11	建立讓別人能開心的機制
○	12	將所有時間用在喜歡的事情上
◎	13	排出與目前的目標無關的事物
◎	14	整理資訊，並且系統化說明這類資訊
◎	15	以鼓勵的話助別人一臂之力
○	16	有備受注目的舞台就能發揮潛力
◎	17	思考令人雀躍的點子
○	18	與值得尊敬的朋友建立互信
◎	19	分享自己的成功體驗，讓別人了解自己的生活方式，再藉此帶動別人
◎	20	從事能同時向許多人傳遞訊息的工作

· 能以系統化的方式傳授自我理解的人

（興趣）自我理解 × （專長）持續學習新事物，以系統化的方式說明資訊、從事將資訊傳遞給不特定多數的工作。

．學習自我理解，在大家面前傳授自我理解的人

(興趣) 自我理解 ╳ (專長) 增加實際上場的機會，而不是練習的機會，以言語激勵他人

．研究自我理解的人

(興趣) 自我理解 ╳ (專長) 持續學習新事物，尋思令人雀躍的創意

．從旁協助遠景實現的戰略顧問

(興趣) 自我理解 ╳ (專長) 將時間花在建立可行的戰略上，發現及運用自己與別人的強項，以言語激勵他人

．協助創業的顧問

(興趣) 自我理解 ╳ (專長) 將時間花在建立可行的戰略上，發現及運用自己與別人的強項，以言語激勵他人

．製作教育類桌遊的人

(興趣) 自我理解、桌遊 ╳ (專長) 創立新事業、以系統化的方式說明資訊、尋思令人雀躍的創意、不到手絕不放手的堅持

．傳授教育類桌遊製作方式的人

(興趣) 自我理解、桌遊 ╳ (專長) 發現及應用自己與別人的強項、建立成功與失敗都很明確的目標、尋思令人雀躍的創意

．比較與介紹教學玩具的人

(興趣) 自我理解、桌遊 ╳ (專長) 以系統化的方式說明資訊、以言語激勵他人

· 介紹桌遊

　　興趣 自我理解 × **專長** 以系統化的方式說明資訊、以言語激勵他人、從事將資訊傳遞給不特定多數的工作

· 幫助別人穿上適當服飾的時尚顧問

　　興趣 時尚、自我理解 × **專長** 發現及應用自己與別人的強項、尋思令人雀躍的創意

· 時尚設計師

　　興趣 時尚、自我理解 × **專長** 尋思令人雀躍的創意、不到手絕不放手的堅持

· 桌遊職業玩家

　　興趣 桌遊 × **專長** 增加實際上場的機會，而不是練習的機會、建立成功與失敗都很明確的目標

　　搭配的方式就如大家所看到的一樣自由。請不要預設「這種事情做不到啦」的立場，先盡可能地將各種「興趣」與「專長」組成一對。

八木仁平的例子

喜歡的事（熱情） × 擅長的事（才華） = 喜歡的事（熱情）擅長的事（才華）　想做的事

喜歡的事（熱情）	擅長的事（才華）	想做的事
自我理解	・持續學習新事物	・能以系統化的方式傳授自我理解的人
桌遊	・以系統化的方式說明資訊	・學習自我理解，在大家面前傳授自我理解的人
時尚	・從事將資訊傳遞給不特定多數的工作	・研究自我理解的人
	・增加實際上場的機會，而不是練習的機會	・從旁協助遠景實現的戰略顧問
	・以言語激勵他人	・協助創業的顧問
	・將時間花在建立可行的戰略上	・製作教育類桌遊的人
	・發現及運用自己與別人的強項	・傳授教育類桌遊製作方式的人
	・創立新事業	・比較與介紹教學玩具的人
	・尋思令人雀躍的創意	・介紹桌遊
	・不到手絕不放手的堅持	・幫助別人穿上適當服飾的時尚顧問
	・建立成功與失敗都很明確的目標	・時尚設計師
		・桌遊職業玩家

發現你的天職：三大步驟，讓你選系、就業、轉職或創業不再迷惘

如果想不到更多的組合，也可以把想做的事先列入「興趣」的清單。總之這個步驟重量不重質，盡可能寫出「想做的事」就好。

─ 練習 STEP2 ─

透過「工作目的」篩選出想做的事

　　找到「想做的事」卻沒辦法當成工作來做的人，通常都有「太過投入『想做的事』，完全沒考慮工作目的」的毛病。

　　我們之所以能透過工作賺錢，全是因為客人覺得有價值與「感謝」，所以請先有「金錢＝感謝」的概念。因為覺得「感謝你讓我住這麼安全的家，謝謝」，所以願意付房租；因為覺得「感謝你幫忙發電，讓生活變得如此方便」所以願意付電費；因為覺得「有生以來第一次吃到這麼好吃的東西，真是太感謝了！」所以願意付錢吃飯，我們每天都過著這樣的生活，換言之，工作就是為了得到「感謝」。

你希望從別人口中聽到哪種「感謝」呢？

如果不先確定這點，你的工作就不會順利。沒辦法透過「想做的事」賺錢的人，通常過於投入「想做的事」，完全不顧是否被人「感謝」。

別人是不會平白無故為你「想做的事」付錢的，他們只會在覺得你做的事情有價值的時候付錢。

假設你設計了一件衣服，客人買的就是「穿了這件衣服，會變得很有『自信』」這個價值。

我的客人不是跟我購買自我理解的知識，而是購買「能全心投入工作」的價值。

做「想做的事」是只從自己的觀點看工作這件事，但工作必須有客人才能成立，也因為有客人，所以你才不會對工作生厭。就我而言，我當然覺得學習自我理解的知識很快樂，但為了「替客人解決煩惱而學習」的時候，會更有動力學習。

如果你的工作不順利，或是你覺得工作很煩，代表你只想著自己的事，換言之，當你能透過「想做的事」為身邊的人創造價值，工作就會變得順利，你也會找到「真心想做的事」，進而發現自己的生存意義。你身邊的人對你說了什麼，會讓你覺得開心呢？

我向來是以聽到客戶對我說：「多虧你，我才能撥開工作上的迷霧，全心投入工作！真的是太感謝了」為目標，一如前述，聽到什麼話會開心，這與你的價值觀

有關係。

　　所以「工作目的」能幫你從「各種想做的事情」篩選出「你真心想做的事情」。

　　前面也提過我有很多「想做的事」，但如果工作目的是「讓更多人追逐夢想」，那我覺得「以系統化的方式傳授自我理解」是最適合的方法，所以選擇傳授自我理解的相關知識。

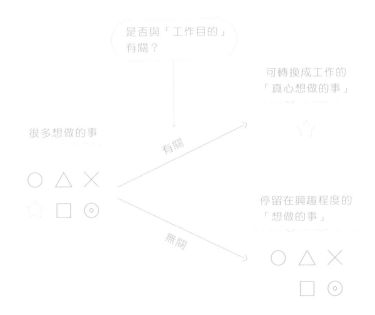

想做的事

喜歡的事 （熱情）	×	擅長的事 （才華）	=	喜歡的事 （熱情）	擅長的事 （才華）

自我理解

桌遊

時尚

- 持續學習新事物
- 以系統化的方式說明資訊
- 從事將資訊傳遞給不特定多數的工作
- 增加實際上場的機會，而不是練習的機會
- 以言語激勵他人
- 將時間花在建立可行的戰略上
- 發現及應用自己與別人的強項
- 創立新事業
- 尋思令人雀躍的創意
- 不到手絕不放手的堅持
- 建立成功與失敗都很明確的目標

- 能以系統化的方式傳授自我理解的人
- 學習自我理解，在大家面前傳授自我理解的人
- 研究自我理解的人
- 從旁協助遠景實現的戰略顧問
- 協助創業的顧問
- 製作教育類桌遊的人
- 傳授教育類桌遊製作方式的人
- 比較與介紹教學玩具的人
- 介紹桌遊
- 幫助別人穿上適當服飾的時尚顧問
- 時尚設計師
- 桌遊職業玩家

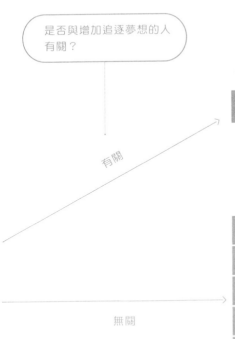

是否與增加追逐夢想的人有關？

有關

無關

可轉換成工作的「真心想做的事」

- 學習自我理解，在大家面前傳授自我理解的人

停留在興趣程度的「想做的事」

- 學習自我理解，在大家面前傳授自我理解的人
- 研究自我理解的人
- 從旁協助遠景實現的戰略顧問
- 協助創業的顧問
- 製作教育類桌遊的人
- 傳授教育類桌遊製作方式的人
- 比較與介紹教學玩具的人
- 介紹桌遊
- 幫助別人穿上適當服飾的時尚顧問
- 時尚設計師
- 桌遊職業玩家

這是因為人無法將自己的欲望擺在一旁，還一直對別人盡心盡力，所以最該先做的就是滿足自己的欲望。

　　只有當自己得到滿足，才有餘力照顧別人，一旦能像這樣將別人的事當成自己的事，就意味著你成長了。

　　就現在的我而言，我完全無法思考所謂的世界情勢，但我希望能成長為格局足以如此思考的人。

　　先滿足自己的價值觀，接著依序滿足家人、朋友、公司、業界、國家與全世界的價值觀，格局就是如此一步步擴大。

　　你有沒有迫不及待想透過工作，讓身邊的人、在地的人、全國的人、全世界的人都知道的價值觀呢？

　　如果有，那就是你的「工作目的」。只要釐清「工作目的」，你就能自然而然找到「真心想做的事」。

讓人產生戲劇性轉變的
自我理解魔法

找到「實踐想做的事」的方法

前面已經提過，「實踐興趣的手段不用多想」，只要你找到「真心想做的事」，接下來該做的只剩下弭平「現在的自己」與「能實現真心想做的事的自己」之間的落差。接著讓我們一起尋找弭平這段落差的方法。

其實找到「想做的事」之後，自然就會開始尋找實踐的方法。

大家有聽過「彩色浴效果」（color bath）嗎？這個效果指的是越是在意某些資訊，就越容易看到該資訊的心理現象。比方說，一聽到「請找看看周圍有沒有紅色的東西」，就很容易看到之前忽略、卻早就於某處存在的紅色物品。

能實踐真心想做的事
的自己

尋找弭平落差的
手段

現在的自己

這種彩色浴效果可說是「想做的事」的實踐方法。只要先決定「想做的事」，彩色浴效果就會自動生效，「實踐想做的事」所需的資訊也會不斷地往你身邊匯聚。換言之，在閱覽世界上的各種資訊時，你會立起天線，收集那些「實踐想做的事所需的資訊」。

　　以我自己為例，當我決定「以系統化的方式傳授自我理解術，讓更多人追逐夢想」為「真心想做的事」時，我其實完全不知道該從何處著手，但這個想法卻一直留在腦袋的某個角落，就這樣日復一日。

　　沒想到某天我正在讀的書裡，忽然跳出「教你如何推廣講座型課程」的句子。

　　心想「就是這個！」的我便立刻去參加這本書的作者所舉辦的講座，也從講座學到製作課程的方法。

　　不到一年的時間，我便完成了一年可吸引兩百人前來聽講的課程。

　　大家還不會騎腳踏車的時候，也是已經會騎的父母親手把手教會的吧？同理可證，實踐「想做的事」的方法也可以請教已經學會的人。

　　除了我以外，上完自我理解課程的客戶身上也發生了相同的現象。

　　舉例來說，我的客戶之中有位 H 先生，他「想做的事」是「讓更多人從森林看到自己，學會控制身心的方法」，結果經過一番調查後，發現這世上有無數的人從

事與森林有關的工作，他也慢慢找到實踐「想做的事」的方法。當他持續搜尋相關的資訊後，他找到「培育森林浴課程講師的講座」。

H先生找到這個講座時，激動地告訴我：「這就是我一直以來渴望的課程，這肯定是命運的安排！」當下便決定去聽這個講座。只要決定「自己想做的事」，這種冥冥中自有安排的現象將會頻繁地發生。

就算還沒找到實踐「真心想做的事」的方法，那也只是因為你還沒開竅，請即刻立起搜尋「真心想做的事」的天線，積極收集資訊，快則一週，慢則一個月，就會找到實踐的方法。

雖然「真心想做的事」只能透過內省找到，但實踐真心想做的事的方法卻充斥於社會的每個角落。之後請在這個社會尋找這類實踐方法，一步步將「真心想做的事」轉換成工作吧。

····· *point* ······································

決定「想做的事」之後，自然就會遇見
實踐的方法

學會自我理解術，今後將不再失敗

　　我總覺得自我理解術就像是某種魔法，因為學會自我理解術之後，人生的所有經驗都會變成某種「學習」。

　　不管是「失敗」還是「後悔」的經驗，能把所有經驗變成一種學習的，正是名為「自我理解」的魔杖。

　　過去那段被超商開除的失敗經驗，變成了讓我學到聽命行事很痛苦的成功經驗。如今我能與喜歡創業的人相處，活得自由自在，全拜這段經驗所賜。

　　挑戰搭便車一百次，卻未能改善怕生毛病的失敗經驗，讓我了解「我適合一個人埋頭苦幹」，能每天寫部落格和出書，都是因為我發現自己「適合一個人埋頭苦幹」這個長處。

　　為了賺錢而寫那些言不及義的部落格文章，因而陷入憂鬱的經驗，也讓我堅信「必須將『喜歡的事』當成工作來做」，也因為有這段經驗，才能讓我在將傳授自我理解術化為工作的途中越挫越勇。

　　反觀那些完全不去回顧失敗或後悔這類負面經驗的人，人生一點起伏也沒有。負面經驗有如學習寶庫，若充耳不聞，只是一心往前走，很難有所學習成長。

　　負面經驗就像是一顆「海膽」，外觀黝黑有刺，讓人擔心受傷而不敢接近，但只要打開外殼，就會發現裡

面充滿了味道濃郁的海膽。

撬開外殼，從中取出極品海膽的技術就是「自我理解術」。

負面經驗

自我理解術

我在經歷上述過程時，當然是非常痛苦的，當下也無法想像這些經驗會在未來昇華。

我不打算對身處困境的人說什麼「樂觀點！人生沒有不必要的經歷！」

但是若能等到狀況解除，對未來變得稍微樂觀，也想踏出下一步時，透過自我理解術從這些痛苦汲取成功的經驗，你的人生肯定會漸入佳境。

因為，從過去的失敗汲取經驗，就不會重蹈覆轍。

自我理解術可讓我們快速累積人生經驗。

當你發現這點，你的生活將充實得讓從前的你難以想像。

屆時，過去所有的失敗與後悔都將成為一種「學習」，幫助你成為現在的你。

> ···· point ····
>
> 自我理解術可讓失敗與後悔全部轉換成「學習」

成功並非「目標達成」，而是「在每個瞬間活出自我特色」

　　我一直認為所謂的「成功」，並非達成什麼大目標，而是在每個瞬間活出自我特色，才算是真正的「成功」。

　　大家是否囿於某些外在的基準，以致於產生「賺大錢才算成功」「被別人認同才算成功」的成見呢？要是能在這份工作賺到錢，就能成功與幸福。這純粹是種幻想。我也很喜歡錢，我也很喜歡思考提升公司業績的方法。

　　之所以喜歡金錢，是因為金錢是量化自己對社會有多少價值的指標，猶如評量學生的考試成績或是衡量社會人士的收入。

　　我堅信，這個數字將不斷攀升，我的正能量所觸及的範圍也將越來越廣。

　　不過要達成這件事有一個前提或條件，那就是「不對自己說謊」。記得大學畢業後的我，立定了「一個月

Chapter ⑧ 讓人產生戲劇性轉變的自我理解魔法

185

賺一百萬」的目標，所以當時曾為了賺錢而對自己說謊。還記得當時部落格的「聯絡我們」頁面收到一封「在部落格介紹這項商品，就支付十萬圓酬金」的工作聯絡信件。當時的我為了月入百萬這個目標可說是不擇手段，所以毫不猶豫地接下這件工作，但我也發現，當我在為這個商品寫文章時，心情越來越煩悶。

當時的我不顧心中的糾結，寫好了商品的介紹後，文章一公開，就有許多讀者點閱，業主也因為反應不錯而開心，而我卻悶悶不樂，其實原因十分簡單。

那是因為我自己最清楚，這篇文章並非「我打從心裡想寫、想推薦」的內容。

那時我才發現，真正的幸福不等於賺到金錢與名譽，只有在這個瞬間覺得自己所做的事很充實，才能真的獲得幸福，人生才算是成功。

就算發大財，卻對自己說謊，讓自己陷入糾結，就算是失敗。

經歷上述的事情後，我決定放棄以介紹商品營生的「部落格格主」這份工作。

我不想再過著讓別人購買商品，自己卻不用負半點責任的生活，我也決定製作自己能真心推薦的商品，並且以銷售這項商品維生。

雖然一時間收入減少了，但我再也不需要欺瞞自己，再也不會感到煩悶，我也得到讓自己抬頭挺胸的生

活方式。

　如果工作能不欺騙自己，又能賺到金錢或名譽，那當然是再好不過的事。但我也覺得，這些不過是隨之而來的附加價值，在活出自己的當下，就已經算是成功了，若能進一步締造成果，那就是超級成功，所以本書才會介紹活出自己的方法以及在活出自己之後締造成功的方法。如果能在每個瞬間感受活出自我的幸福，又能因此累積出成果，那當然值得為自己喝采，如果沒有累積出成果，也不算是失敗。

　假設未能達成目標就算是失敗的話，那大部分的人的人生早已失敗收場。

　奧運的每個項目只有一個人能拿到金牌，但誰都能活出自己，所以不需要與別人比較。

　要累積出成果是需要時間的，但你可以在這個瞬間就決定過不欺騙自己的生活。不被別人認同也好，沒辦法賺大錢也罷，只要能過著不對自己說謊的生活，不再因為這樣而煩悶，那就算是「成功」了。

···· point ·······································

活出自我就算成功
若能進一步累積出成果則是大大的成功

盡可能早一點從尋找想做的事「畢業」，成為「理想的自己」

　　自我理解這件事雖然重要卻不緊急，以致於許多人誤將自我理解這件事的優先順序排至下層。

　　反正不了解自己又不會死。只是，當你渴望找到「真心想做的事」，由衷想將這件事當成工作的話，了解自己可說是最棒的手段，是的，充其量只是「手段」，目的是讓你全心投入自己的人生。

　　我是一心鑽研自我理解術的阿宅，與自己相處是我最快樂的時候，但不一定每個人都跟我一樣對吧。

　　最令人快樂的是，完全了解自己之後的人生。

　　不知道自己「真心想做的事」，就像是參加一場沒有終點的馬拉松。不知為何而跑，當然不會有任何動力。

　　一旦了解自己，人生就變成一場遊戲，每天早上叫醒你的是夢想，每到夜裡，都必須忍住想繼續工作的衝動才能入眠。

　　國中的我沉迷於線上遊戲，一下課就立刻開始玩，全部的零用錢也都花在這些遊戲上，而現在的我一樣沉迷，只是對象換成工作而已，這也是滿腦子只想著「為了賺錢，雖然不願意也只好去超商打工」的我完全不敢想像的狀態。

只有找到「真心想做的事」，並且全心投入，你的潛力才得以釋放。因為了解自己之後，你的目的地就確定了，你也能傾全力朝通往這個目的的方向奔跑。當身邊的人還在複雜的社會裡徘徊，一步步成長的你已能過著倒吃甘蔗的人生。

　　所以我最後要說「請快點利用自我理解術從尋找『想做的事』的狀態解脫」。

　　我開始尋找「想做的事」之後，我投資了三百萬圓與兩年半的時間，找到讓我覺得「這才是我真心想做的事」的工作方式。

　　但你不用像我一樣投資那麼多金錢與時間。

　　因為所有能幫助大家付諸實踐的方法全都寫在這本書裡了，只要大家一步步實踐書中介紹的方法，一定能在最短時間之內從尋找「想做的事」的狀態畢業。

　　寫這本書的時候，我一直秉持著讓自我理解術普及，幫助更多人全心投入人生的想法。

　　我也認為要讓所有人全心投入自己的人生，就必須先讓讀完本書的你，實踐自我理解術。

　　希望你也能將這種全心投入人生的生存之道傳授給別人，如此一來，全世界的人就能活在追逐夢想的生活裡。

　　由衷希望各位能以本書為參考，做著「真心想做的事」，認真度過每一天。

從尋找「想做的事」的狀態畢業後，
最理想的人生將瞬間啟動

結語
做出自我理解實踐流程圖

　　或許有些讀者在閱讀本書時，會有「現在的我到底該做什麼啊？」的迷惘。所以本書打算在「結語」這個部分，為大家把找到「真心想做的事」的必要元素整理成流程圖。

　　如果又碰上不知自己該何去何從的時刻，請站回這個起點，一步步重新出發。

　　了解自己只有三個步驟：

1. 找到重視的事（價值觀）
2. 找到擅長的事（才華）
3. 找到喜歡的事（熱情）

　　只要這三件事明確，就能揉和成「真心想做的事」，自然而然也能找到「實踐這件事的手段」。

自我理解實踐流程圖

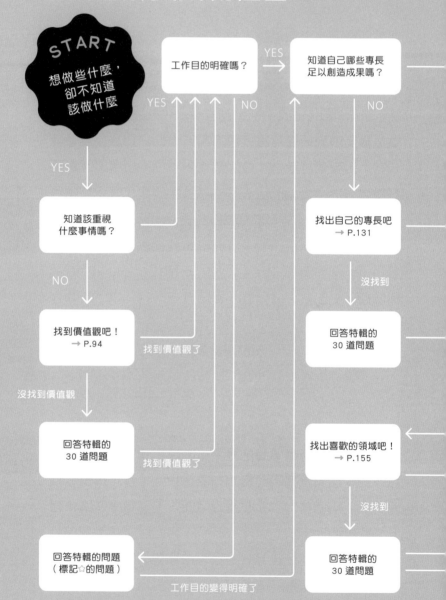

START
想做些什麼，
卻不知道
該做什麼

工作目的明確嗎？

YES → 知道自己哪些專長
足以創造成果嗎？

NO

YES

知道該重視
什麼事情嗎？

NO

找出自己的專長吧
→ P.131

找到價值觀吧！
→ P.94

找到價值觀了

沒找到

沒找到價值觀

回答特輯的
30 道問題

回答特輯的
30 道問題

找到價值觀了

找出喜歡的領域吧！
→ P.155

沒找到

回答特輯的問題
（標記☆的問題）

工作目的變得明確了

回答特輯的
30 道問題

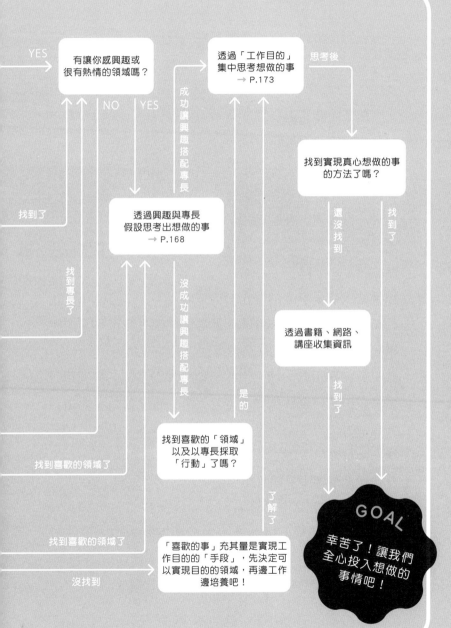

YES

有讓你感興趣或
很有熱情的領域嗎？

NO　YES

透過「工作目的」
集中思考想做的事
→ P.173

思考後

成功讓興趣搭配專長

找到了

找到實現真心想做的事
的方法了嗎？

透過興趣與專長
假設思考出想做的事
→ P.168

還沒找到

找到了

找到專長了

沒成功讓興趣搭配專長

透過書籍、網路、
講座收集資訊

找到喜歡的領域了

是的

找到了

找到喜歡的「領域」
以及以專長採取
「行動」了嗎？

找到喜歡的領域了

了解了

GOAL

辛苦了！讓我們
全心投入想做的
事情吧！

沒找到

「喜歡的事」充其量是實現工
作目的的「手段」，先決定可
以實現目的的領域，再邊工作
邊培養吧！

謝辭

在最後要感謝在這本書得以問世之前，不斷在背後助我一臂之力的各位。

感謝 KADOKAWA 的小川，總是以讀者的角度給予本書建議，讓這本書名副其實成為「世上最容易閱讀」的書。當我決定推翻初稿，重寫整本書的時候，有耐心地從旁協助我，真的非常感激。這本書能修到我覺得滿意的地步，全拜小川之賜。

另一位要感謝的是在身邊守護著我的老婆匡美。當我滿腦子只剩寫書這件事，開口閉口都在說這本書的時候，感謝她一直溫暖地支持著我。

與老婆相遇之前，我每天都吃垃圾食物，每個月必定感冒一次。能健健康康地寫完這本書，都是老婆每天不辭辛勞，早晚為我準備美味餐點的緣故，多虧了她，我才能完成這本書。

最後還要感謝幫我校稿的每個人。

最後要感謝的是願意將人生的寶貴時間用來閱讀本書的讀者。我很喜歡聽透過自我理解術讓人生正向發展的故事，大家若有這方面的感想，請務必加上「# sekayari」這個標籤，透過社群網站與我分享。

不過，只是讀完本書，各位可能還是忙得被生活的洪流吞噬，所以我為中文版讀者準備了〈特別附錄：當你找不到想做的事時，你應該這樣做〉，只要掃瞄以下的 QR Code，加入好友即可閱讀。

　　希望這份資料對你有所幫助，也期待你的分享！

1
見到誰會受到正面的刺激？
這個人的哪個部分會給你正面刺激？
這些刺激都與你的價值觀有關係。

2
到目前為止，對你影響最深的人是誰？
這個人的行動或發言給你哪些影響？

3
父親的生存之道有什麼值得欣賞或討厭的地方？
你的價值觀是否反映了父親的價值觀？
還是該價值觀是負面教材？

4
母親的生存之道有什麼值得欣賞或討厭的地方？
你的價值觀是否反映了母親的價值觀？
還是該價值觀是負面教材？

5
希望死後聽到身邊的人如何評價你？
能從這些評價了解自己哪些價值觀？

6
最喜歡哪本讀過的書？
喜歡這本書的哪個部分？
從這個部分能了解你的哪些價值觀？

7
哪類的事情最讓你感動？
最感動的事情是什麼？
從這件事能了解你的哪些價值觀？

8
（假裝你已經活到 80 歲，再於＿＿之中填入答案）
我在害怕＿＿的事情上花太多時間。我幾乎沒有在＿＿這類事
情上花時間。如果時間能夠倒轉，我想在＿＿多花一點時間。
這麼做能了解你的哪些價值觀？

9 | 在職場或私生活裡，最不尊敬的人是誰？
  | 這個人的哪個部分最讓你難以尊敬？
  | 你的價值觀與這個人難以尊敬的部分相反。

10 | 從出生到念小學的這段時間，最令你開心的事是？
   | 從中可以了解你的哪些價值觀？

11 | 到目前為止，你做重大決定時，都依賴什麼判斷標準？
   | 從中可以了解你的哪些價值觀？

12 | 你最自豪的經驗是？
   | 每個人都會在完成符合價值觀的行動時感到自豪。

13 | 你最喜歡的朋友是誰？喜歡他哪些部分？
   | 從中可以了解你的哪些價值觀？

14 | 到目前為止，你最努力的經驗是？
   | 成為動力來源的價值觀為何？

15 | 你喜歡哪些名牌？從中可以了解你的哪些價值觀？

16 | 請列出你感興趣的事情。
   | 其中有沒有共通的價值觀？

17	到目前為止，最無法容忍的事情是？ 從中可以了解你的哪些價值觀？

18	感到最幸福的是什麼時候？ 從中可以了解你的哪些價值觀？

19	假設五年後，寫在這裡的事情能夠實現的話，你希望自己變成 什麼樣的人？ 從中可以了解你的哪些價值觀？

20	到目前為止做過的重大決定是？ 做這項決定時，考慮了哪些因素？

21	職場或私生活有沒有值得自豪的事？

22	請回顧自己的人生再作答。 你希望透過人生，帶給身邊的人哪些影響？

23	你覺得現在分配時間的方法有意義嗎？ 如果覺得缺少了點什麼，那麼又是缺少什麼？

24	在職場或私生活裡，什麼樣的人最值得你尊敬？ 這個人的哪個部分值得尊敬？

25 | 你能分享什麼，對身邊的人有所貢獻？

26 | 到目前為止，哪位上司最棒？
會這麼覺得，是因為這位上司做了什麼？
從中可以了解你的哪些價值觀？

27 | 到目前為止，哪位上司最討厭？
會這麼覺得，是因為這位上司做了什麼？
從中可以了解你的哪些價值觀？

28 | 哪些東西是你現在有，但今後不需要的？從中可以了解你的哪些價值觀？
（例：強顏歡笑、聚餐、暴飲暴食、太過拚命）

29 | 什麼事會讓你想罵髒話或不滿？會想罵髒話是因為心中有理想與不滿現狀。

30 | 舉出 10 件你覺得「要是○○的話就好了……」的事。
可以是自己、別人、組織或社會的事。
從中可以了解你的哪些價值觀？

★是在這些價值觀之中，幫助思考「工作目的」的問題。

1	從小就很擅長的事或以前很擅長的事是？ 請具體回想一下念小學時的小故事。 從中可以了解你的哪些專長？
2	不用太努力也能做得好的事情是？ 請寫得具體一點。
3	請回顧過去全心投入某件事的時期。當時身處什麼環境？
4	有沒有被身邊的人說「謝謝」的事？ 請寫得具體一點。 從中可以了解你的哪些專長？
5	請問好朋友「我不擅長什麼？」這個問題。 雖然很刺耳…… 與這件事相反的專長是什麼？
6	到目前為止，什麼事最讓你挫折與後悔？ 會覺得挫折與後悔，是因為你對這件事很用心。 從中可以了解你的哪些專長？
7	你喜歡自己哪個部分？ 這部分通常與專長有關。
8	你不擅長什麼？ 可從反面找到哪些專長？

9	覺得自己有哪些不足？ 什麼時候會有這種感覺？ 從這些不足的背後能發現哪些專長？
10	截至目前為止，有哪些是自然而然學會的事，而且是怎麼做也不膩的事？ 這些自然學會的事就是專長。
11	到目前為止，有哪些是你覺得為什麼身邊的人「連這點事都不會」的事？會有這種感覺，是因為這些事你不用太刻意學習就能做得很好。
12	請寫出身邊的人對你的讚美。 什麼時候會被別人讚美？ 從中可以了解你的哪些專長？
13	常被人說你是哪種性格？ 常被說你適合做哪些事？ 從中可以了解你的哪些專長？
14	有沒有一直無法擺脫的自卑或煩惱？ 具體來說，這些煩惱來自哪些經驗？ 這些煩惱的背後藏著哪些專長？
15	你會全心投入哪些作業？ 請寫得具體一點。 每個人在做自己擅長的事時，都能全心投入。
16	什麼時候會讓你感到雀躍？ 請寫得具體一點。 每個人在做自己擅長的事時，都會很雀躍。

17	假日都怎麼過？ 會自然想做的事就是你擅長的事。
18	常因為哪些事被父母親或老師唸？ 會被唸是因為那些事是你特別突出的部分。 從中可以了解你的哪些專長？
19	絕對不想做什麼工作？ 從中可以了解你的哪些擅長與不擅長的事？
20	哪些是做久也不引以為苦的事？ 做擅長的事情會忘了時間。（一直做下去當然還是會很辛苦啦）
21	覺得什麼時候活得最像自己？ 做擅長的事會覺得活出自己。
22	最近最幸福的一天是哪一天？ 做擅長的事會覺得很充實。
23	有沒有跟誰在一起，就被說「○○」的事？這是你不自覺散發的能量，也是你擅長的事。
24	有沒有不怎麼努力做，卻被別人稱讚的事？

25　有什麼事不用多想就會去做？

_____

26　在人生之中，有什麼事是不知不覺就開始做的？
　　從中可以了解你的哪些專長？

_____

27　有什麼是你做得比別人快又好？
　　從中可以了解你的哪些專長？

_____

28　做什麼類型的工作最讓你覺得有建設性？
　　從中可以了解你的哪些專長？

_____

29　你越做越愉快的事情是？
　　從中可以了解你的哪些專長？

_____

30　哪些專案、工作或活動會讓你不厭倦？請隨意舉出 10 個。（例
　　如「不常讀書，但某類的書讀得特別起勁」這類具體的活動也
　　可以）

1	如果不考慮工作或時間，你喜歡什麼？
2	什麼主題或類型的事情會讓你雀躍、胸口為之一熱？
3	你在做什麼事的時候最幸福？ 從中可以了解你喜歡的領域是什麼嗎？
4	如果不考慮金錢，你也什麼工作都做得來的話，你想做什麼工作？回答時，請先不要想做不做得到。
5	如果希望得到別人尊敬，你想做什麼工作？
6	在學過的東西之中，覺得有趣的有哪些？ 從中可以了解你喜歡的領域是什麼嗎？
7	曾經學過什麼東西嗎？ 從中可以了解你喜歡的領域是什麼嗎？
8	有沒有在小學或國中的時候想過自己長大後要做什麼工作？為什麼會被這項工作吸引？ 從中可以了解你喜歡的領域是什麼嗎？

9	小學時，最喜歡玩什麼遊戲？ 不用別人催促就會自己做的事，就是最純粹的喜歡。
10	現在想嘗試什麼？ 從中可以了解你喜歡的領域是什麼嗎？
11	最喜歡讀過的哪本書？ 從中可以了解你喜歡的領域是什麼嗎？
12	有沒有解決過什麼煩惱，還是有沒有想解決的煩惱與自卑？ 從中可以了解你喜歡的領域是什麼嗎？
13	你覺得社會有哪些問題？ 從中可以了解你喜歡的領域是什麼嗎？
14	到目前為止，在什麼領域花錢花得比一般人多？ 從中可以了解你喜歡的領域是什麼嗎？
15	你喜歡跟家人或朋友聊什麼？ 從中可以了解你喜歡的領域是什麼嗎？
16	如果能休假一週，你想做什麼？請寫得具體一點。 從中可以了解你喜歡的領域是什麼嗎？

17	一般人覺得貴，你卻覺得便宜的東西是什麼？ 從中可以了解你喜歡的領域是什麼嗎？
18	有沒有想做卻還沒做的事？ 從中可以了解你喜歡的領域是什麼嗎？
19	絕對不想做什麼工作？ 從中可以了解到哪些是你擅長與不擅長的事？
20	你有什麼興趣？請分別寫出小學、國中、高中這三個時期的興趣。所謂的興趣，是賺不到錢也願意做的事。不管擅不擅長，請列出這些興趣。從中可以了解你喜歡的領域是什麼嗎？
21	你最常搜尋什麼內容？ 請分別寫出小學、中學與高中的答案。 從中可以了解你喜歡的領域是什麼嗎？
22	你最喜歡或曾經喜歡的電視節目是？ 從中可以了解你喜歡的領域是什麼嗎？
23	有沒有讓你覺得「能遇見真是太好了！」的人事物呢？
24	請問家人、朋友「你覺得我對什麼領域有興趣？」這個問題

25	會對哪些事情有「為什麼？」「接下來該怎麼做？」的疑問？從中可以了解你喜歡的領域是什麼嗎？
26	請回顧自己的過去。有沒有你一直很有興趣的主題？
27	請回顧自己的「工作目的」。哪個領域可實現工作目的背後的價值觀？你對該領域沒有興趣嗎？
28	做什麼類型的工作最讓你覺得有建設性？從中可以了解你的哪些專長？
29	有沒有你覺得一點都不有趣的專案、工作與活動？從中可以了解你不感興趣的領域是什麼嗎？
30	你在社群網站上都追蹤哪些人？當你持續搜尋各領域的資訊，一定會從中找到非常有興趣的領域。

重視的事（價值觀）的 (100) 個範例清單

1	發現	找出新事物
2	正確性	正確傳達自己的意見與信念
3	達成	達成重要的事
4	冒險	體驗令人雀躍的新事物
5	魅力	保有外表的魅力
6	權力	對指導別人負起責任
7	影響	控制別人
8	自律	自行決定事情，不依賴別人
9	美	品嘗身邊的美麗事物
10	勝利	戰勝自己或對手
11	挑戰	從事困難的工作或問題
12	變化	過著精采又變化多端的人生
13	舒適	過著沒有壓力又舒適的人生
14	誓約	答應別人的事一定做到
15	體貼	傾聽他人心聲與給予幫助
16	貢獻	做一個對世界有用的人
17	助人	幫助周遭的人
18	懂禮貌	對別人誠實，以禮待人
19	創造	產生嶄新的創意
20	信賴	做一個有信用，值得託付的人
21	義務	完成自己的義務與責任
22	和諧	與環境和諧共生
23	興奮	度過充滿刺激與戰慄的人生
24	誠實	不說謊，誠實地過活
25	名聲	成為知名人物

26	家人	建立充滿幸福與愛的家庭
27	韌性	保持心智強韌的身體
28	靈活	輕鬆融入新環境
29	寬待	時時寬待他人
30	友情	結交感情親密又能彼此幫助的朋友
31	快樂	遊戲人生、享受人生
32	慷慨	與別人分享自己的東西
33	信念	做自己覺得正確的事
34	信仰	思考超越自己的存在有什麼旨意
35	成長	讓自己持續正面成長
36	健康	強健地活下去
37	合作	積極與別人合作
38	正直	不說謊，正直地活著
39	希望	對未來抱持希望
40	謙遜	謙虛過活
41	幽默	以幽默的心觀察人生或世界的另一面
42	獨立	不依賴他人活下去
43	勤勉	拚命完成自己的工作
44	平穩	維持自己內在的和平
45	親密	與少數的人建立緊密的關係
46	公平	公平對待每個人
47	知識	學習或創造有價值的知識
48	休閒	享受放鬆的時間
49	被愛	為親愛的人所愛
50	愛慕	對別人付出愛

51	熟稔	熟悉例行的公事或作業
52	當下	全心投入當下這個瞬間
53	謹慎	避免犯下過猶不及的過錯，尋求中庸之道
54	奉獻	找到相愛的另一半
55	反抗	質疑權威或規則
56	照顧	照顧他人，培養他人
57	開放	對新體驗、創意、選項抱持開放的心
58	秩序	度過有條不紊的人生
59	熱情	對某些活動抱有熱情
60	喜悅	讓自己變得開心
61	人氣	得到許多人的青睞
62	目的	確定人生的方向
63	合理	服從理性與邏輯
64	現實	符合現實性與實踐性的行動
65	責任	對行動負起責任
66	危險	承擔風險，掌握機會
67	浪漫	談一場令人興奮，又燃起熊熊愛火的戀愛
68	安心	讓自己安心
69	包容	接受原本的自己與他人
70	自制	自己控制自己的行為
71	自尊心	肯定自己
72	自我認識	深入了解自己
73	獻身	為了別人奉獻自己
74	性愛	擁有滿足的性生活
75	極簡	過著最低需求的生活

76	孤獨	擁有遠離他人，獨處的時間與空間
77	精神成長	讓自己的精神成長與成熟
78	安定	度過安穩的人生
79	寬容	尊重與接受與自己不同的人
80	傳統	尊重從過去傳承至今的模式
81	美德	過著符合道德的人生
82	物質滿足	成為有錢人
83	和平	為了世界和平而採取行動
84	發揮	發揮 120% 的能力
85	真理	真理、真實、哲學
86	高雅	成為獨樹一格的存在
87	真我	成為不張牙舞爪的自己
88	投入	全心投入眼前的事
89	努力	為了目標而盡力
90	認同	徹底思考後，做出決定
91	自由	不受束縛，隨心所欲地生活
92	表現	讓全世界知道自己是怎麼樣的人
93	合一	感受自己與全世界的連結
94	用心	時常尋找更棒的方法
95	專業	不妥協，追求最佳的結果
96	品味	非常享受當下
97	從容	多一點時間或金錢的從容
98	克服	超越困難，尋求成長
99	同伴	與擁有相同目的的同伴生活
100	樸素	過著樸素、清爽的生活

擅長的事（才華）的 100 個範例清單

	優點	才華	缺點
1	換成靈活的方式，有效率地完成事情	以更有效率的方法執行	沒有變化就會厭倦
2	能主辦大型活動	能同時指揮多個部分	討厭例行公事
3	懂得適材適所的道理	能建立高生產力的組合	周邊的人會陷入混亂
4	補充不足的技能與知識	改善	疲於改變無法改變的個性
5	找出問題的根本再解決問題	解決問題	沒有該解決的問題就不知道該做什麼
6	正視問題	找出問題	容易陷入負面情緒
7	打造系統，提高生產力	建立秩序	不善於面對突如其來的變化
8	將必要的事情培養為習慣	低調地推動事情	不擅於面對變化
9	依照計畫，按部就班完成事物	擬訂計畫	計畫一受阻就覺得痛苦
10	能一視同仁	平等面對每個人	不允許偏袒
11	遵守規則，完成工作	重視規則	沒有規則就陷入混亂
12	建立每個人都認同的規則	建立平等的規則	不容許例外發生

	優點	才華	缺點
13	三思而後行	懂得未雨綢繆	沒有判斷基準就會一直煩惱
14	不犯錯	用心訂立計畫	工作速度很慢
15	能讓別人說出真心話	不會敞開自己的心房	需要多一點時間自我啟發
16	能為了全世界或全人類採取行動	道德感很強	對於不認同的工作沒有動力
17	可將走偏方向的組織拉回正軌	具有始終如一的特質	很頑固
18	不為錢工作，能得到別人的信賴	自我奉獻	會不小心犧牲自己
19	能博得信賴	有責任感	無法拒絕別人
20	能完成自己的任務	重視自己的任務	任務不明確就不知道該做什麼
21	一諾千金	守約	對別人也很嚴格
22	會一步步解決工作	能承擔許多工作	無力回顧做過的事而焦慮
23	不會浪費時間	盡可能提高生產力	變成工作狂
24	能振奮團隊士氣	充滿活力	要求別人的生產力與自己一樣，讓別人疲於奔命

	優點	才華	缺點
25	能先排出優先順序再開始工作	為了達成目標，使盡渾身解術	凡是與目標無關的人事物（例如人際關係或娛樂）全部捨棄
26	朝終點直直奔去	達成目標	沒有目標就沒有動力
27	可將人拉回正軌	能看出抵達目標的路徑	會忽略不屬於目標的發現
28	從做中學	有行動力	還沒思考就行動了
29	可陸續開始新事物	可開始新事物	會犯一些不必要的錯
30	能帶動身邊的人一起行動	能助人一臂之力	節奏太快，會讓身邊的人疲於奔命
31	有對手就會激發鬥志	獲勝	覺得贏不了就會放棄
32	能拿出量化的成果	能以明確的基準評價他人	對數字過於執著，反而忘了目的
33	會為了成為第一而努力	想成為第一名	會為了獲勝而忘了目的
34	能透過比喻吸引別人的注意力	話術高明	容易被人以為很膚淺
35	能透過語言讓別人採取行動	說的話很有力量	容易話太多
36	能激勵別人	能把話說進別人心裡	會想控制別人
37	能注意細節	不滿足於現狀	太龜毛，沒辦法進步

	優點	才華	缺點
38	立定理想就開始努力	把目標放在崇高的理想	因為理想與現實落差太大就失去自信
39	能利用強項創造極佳的成果	想發揮強項	對於沒興趣或不擅長的事一律不做
40	能在認同自己的環境發揮力量	想成為重要的人	不被重視就沒有動力
41	為了被感謝會發揮潛力	想被感謝	不被認同就沒有動力
42	想在引人注目的地方發揮實力	想被人注意	以被認同為第一優先，所以不擅長與人合作
43	能率領團隊	能充滿自信地擔起責任	不會拜託別人
44	富有挑戰精神	相信自己的可塑性	容易我行我素
45	能自動自發	能決定自己要走的路	不聽別人意見
46	能認識新朋友	討人喜歡	害怕被討厭
47	能讓人建立關係	能讓人彼此靠近	會被重視深交的人覺得很膚淺
48	能建立廣闊的人脈	能認識很多人	無法拒絕別人的要求
49	懂得控制別人	能極力主張自己的意見	讓人覺得很有壓力
50	懂得下達命令，掌握事情的發展	握有主導權	不想被人命令

	優點	才華	缺點
51	有領袖風範	能提出目標,帶動身邊的人	會激起不必要的對立
52	能感謝平凡的小事	能直覺地找出關聯性	不擅長說明關聯性
53	能給人安心的感覺	很從容	看起來沒有幹勁,會被周圍的人以為不想努力
54	能在團隊裡發揮力量	能感受自己與世界的連繫	會被以為是佛系、脫離現實的人
55	擅長傾聽	能帶出別人的情緒	容易陷入負面情緒
56	容易產生共鳴	懂得察言觀色	以為別人跟自己感同身受,希望「得到別人的體諒」
57	擅長協助他人	能站在別人的角度看事情	無法說出真心話
58	能人盡其用,實現適材適所的目的	發掘別人的優點	太過重視個人,犧牲了整體的進步
59	重視多元性	在意別人的個性	討厭死板板的規則
60	能滿足每個人的需求	常觀察每個人	為了滿足每個人的要求而時間不夠
61	建立一對一的關係,把工作夥伴當成家人	喜歡緊密的人際關係	容易偏袒
62	跟關係好的人一起工作就很有動力	重視夥伴關係	沒辦法在僵化的職場發揮實力
63	誠實可靠	能與人建立穩定的關係	需要花時間建立一對一的關係

	優點	才華	缺點
64	能有毅力地聲援別人	相信別人的可塑性	會讓人在不適合的地方浪費力氣
65	會注意不起眼的成長，再讓對方知道	能見證別人的成長，再讓對方知道	不夠重視自己
66	會讓人把注意力放在能力範圍的事上	能聲援別人的成長	很雞婆
67	擅長調停紛爭	能找到共識，再一起前進	會為了避免與別人意見相左而犧牲自己的想法
68	擅長在討論之後達成共識	懂得避免對立	會被認為沒有想法
69	能一步一腳印地完成事情	很實際	不太擅長提出創意
70	很適應組織	很適應環境	容易被別人的要求耍得團團轉
71	善於臨機應變	很靈活	很容易對可預測的事情厭煩
72	可視情況調整自己	重視當下	不擅長訂計畫，被每天的事情追著跑
73	能為每個人準備適合的角色或位置，提升團隊合作的效率	能擴大團隊	討厭內訌
74	能成為維繫團隊的核心	寬容	不擅長說重話
75	能讓團隊維持向心力	包容力十足	會與歧視的人起衝突
76	總是神采奕奕	很正面樂觀	不擅長需要細心的工作

	優點	才華	缺點
77	擅於激發他人鬥志	能讓人產生動力	容易被以為是想法很單純的人
78	縱使沮喪，睡醒就忘了	會把注意力放在好事上	容易對討厭的事情或問題視而不見
79	能學會新技能	能掌握新知識	只學習不輸出成果
80	學習最新的知識	學習最新的事物	懂點皮毛就不想學了
81	能將別人帶往更好的未來	時時揣懷希望	沒辦法讓別人了解想法
82	能重現過去的成功模式	懂得回顧過去	被過去束縛
83	不會失去目的	回顧原點	因為資訊不足而忘了初衷之後，就無法前進
84	擅長調查	收集資訊	不注意輸出成果，只一味地輸入資訊
85	擁有廣泛的知識	對什麼事都很好奇	缺乏專業知識
86	能在對方需要資訊的時候迅速提供	能收集有用的資訊	未經整理的資訊等於坐擁寶山卻無法使用
87	能有系統地說明	思考很有組織	只坐在原地想卻不行動
88	思考所有的方法，找出最佳捷徑	能安排最佳的路徑	過於依賴直覺，所以忽略與別人分享抵達目的地的路徑

	優點	才華	缺點
89	總是能想到方法，所以能持續努力，直到締造成果為止	能找出多種成功的方式	不想以相同的方法推動事物
90	擅長提出點子	擅長抽象式思考	思考太過跳躍，常被說「不知道你在說什麼」
91	擅長創造，很有創意	能從看似不相關的事情找出共通之處	不夠實際
92	喜歡新東西	有好奇心	容易厭倦
93	能從各種角度深入思考，提出最根本的答案	喜歡思考	花太多時間思考，導致效率變慢
94	會透過問題讓別人思考	會對自己與別人發問	思考時，似乎不在意身邊的人
95	能有條有理地說明	能縝密地思考	沒想清楚就無法清晰說明
96	擅長分析資訊	喜歡事實	分析過頭，變得無法採取行動
97	即使是情緒上的問題，也能冷靜而公平地處理	很客觀	忽視情緒
98	擅長邏輯判斷	一舉一動符合邏輯	面對「為什麼？」這個問題，容易被人以為很冷淡
99	能從需要的結果回推需要採取的行動	能想像未來	忽略可行性
100	能透過遠景帶動團隊的動力	能從遠景得到動力	若不實際採取行動，會被人覺得整天都在幻想

喜歡的事（熱情）的 100 個範例清單

1	動物		26	漫畫
2	花		27	體育
3	農業		28	格鬥技
4	林業		29	訓練
5	宇宙		30	戶外活動
6	自然環境		31	旅行
7	機器人		32	觀光
8	IT		33	主題樂園
9	電腦		34	旅館
10	藝術		35	婚禮
11	照片		36	葬禮
12	商品設計		37	汽車
13	平面設計		38	飛機
14	音樂		39	摩托車
15	歌曲		40	船
16	樂器		41	鐵路
17	活動		42	時尚
18	舞台		43	美容
19	電影		44	放鬆
20	電視		45	料理
21	書籍		46	甜點
22	雜誌		47	營養
23	報紙		48	酒
24	遊戲		49	建築
25	動畫		50	土木

51	室內裝潢	76	玩具
52	醫療技術	77	食品
53	復健	78	電子
54	藥	79	不動產
55	社會福利	80	經濟
56	學校教育	81	哲學
57	保育	82	家庭
58	政治	83	香菸
59	法律	84	諮商
60	語學	85	運輸業
61	國際	86	宗教
62	金融	87	演藝圈
63	商業	88	行政
64	職涯（就業、跳槽）	89	保安
65	經營	90	照護
66	不動產	91	醫療服務
67	性	92	醫療支援
68	電機	93	戀愛
69	文具	94	結婚
70	心理	95	家庭
71	娛樂	96	飲食
72	休閒	97	行政
73	廣告	98	服務業
74	市場行銷	99	物流
75	化學	100	業務、銷售

www.booklife.com.tw   reader@mail.eurasian.com.tw

Happy Learning 190

發現你的天職：
三大步驟，讓你選系、就業、轉職或創業不再迷惘

作　　者／八木仁平
譯　　者／許郁文
發 行 人／簡志忠
出 版 者／如何出版社有限公司
地　　址／台北市南京東路四段50號6樓之1
電　　話／（02）2579-6600・2579-8800・2570-3939
傳　　真／（02）2579-0338・2577-3220・2570-3636
總 編 輯／陳秋月
主　　編／柳怡如
責任編輯／柳怡如
校　　對／柳怡如・張雅慧
美術編輯／簡瑄
行銷企畫／詹怡慧・曾宜婷
印務統籌／劉鳳剛・高榮祥
監　　印／高榮祥
排　　版／杜易蓉
經 銷 商／叩應股份有限公司
郵撥帳號／18707239
法律顧問／圓神出版事業機構法律顧問　蕭雄淋律師
印　　刷／祥峰印刷廠
2021年1月　初版
2024年8月　11刷

SEKAIICHI YASASHII「YARITAIKOTO」NO MITSUKEKATA
© Jimpei Yagi 2020
First Published in Japan in 2020 by KADOKAWA CORPORATION, Tokyo.
Complex Chinese translation rights arranged with KADOKAWA CORPORATION, Tokyo
through Japan Creative Agency Inc.
Complex Chinese translation copyright © 2021
by Solutions Publishing, an imprint of Eurasian Publishing Group
All rights reserved.

善用內在能量的人會將能量集中於同一個方向，由於他們已經找到明確的人生目標，所以不會隨波逐流，也知道達成目標需要具備哪些能力，因此不會浪費能量在那些自己不擅長的事上。

——《發現你的天職》

◆ **很喜歡這本書，很想要分享**

圓神書活網線上提供團購優惠，
或洽讀者服務部 02-2579-6600。

◆ **美好生活的提案家，期待為您服務**

圓神書活網 www.Booklife.com.tw
非會員歡迎體驗優惠，會員獨享累計福利！

國家圖書館出版品預行編目資料

發現你的天職：三大步驟，讓你選系、就業、轉職或創業不再迷惘／
八木仁平 著；許郁文 譯． -- 初版 -- 臺北市：如何，2021.01
　　224 面；14.8×20.8 公分 --（Happy Learning；190）
　　ISBN 978-986-136-564-0（平裝）

　　1.職場成功法　2.生活指導

494.35　　　　　　　　　　　　　　　　　　　　109018138